Cyhoeddwyd dan nawdd Cynllun Adnoddau Addysgu a Dysgu CBAC

Dewch i Edrych, Dewch i Feddwl!, Dewch i "Siarad"

Addasiad Cymraeg o *Made you look, Made you th!nk, Made you "talk"*

Noddwyd gan Lywodraeth Cymru

Cyhoeddwyd dan nawdd Cynllun Adnoddau Addysgu a Dysgu CBAC

Cyhoeddwyd gyntaf yn Saesneg yn 2008 gan Millgate House Publishers.

Mae Millgate House Publishers yn wasgnod o
Millgate House Education Cyf
30 Mill Hill Lane
Sandbach
Swydd Gaerlleon CW11 4PN, Y DU

Golygwyd gan Brenda Keogh a Stuart Naylor.

Graffeg, gosodiad a dyluniad y CD ROM gan Millgate House Education Cyf.

Argraffwyd gan Argraffwyr Cambrian Cyf.

Catalogio'r Llyfrgell Brydeinig mewn Data Cyhoeddi
Mae cofnod catalog ar gyfer y llyfr hwn ar gael gan y Llyfrgell Brydeinig.

ISBN 978-0-9562646-2-6

Cydnabyddiaethau

Ni all neb lunio ac ysgrifennu llyfr ar ei ben ei hun.

Ers sawl blwyddyn, mae'r llyfr hwn wedi datblygu o'i syniad gwreiddiol, fel adnodd ar gyfer athrawon i annog plant ifanc i edrych, meddwl a siarad, i rywbeth hyd yn oed yn fwy gwerthfawr.

Brenda Keogh a Stuart Naylor sydd wedi arwain y datblygiad hwn, ac mae eu cefnogaeth barhaus, eu brwdfrydedd a'u gwaith golygu cadarnhaol wedi bod yn ysbrydoliaeth. Mae eu profiadau eu hunain wrth ysgrifennu a chynhyrchu amrywiaeth o destunau addysgol o safon wedi rhoi'r wybodaeth a'r ddealltwriaeth sydd eu hangen i allu rhoi cyngor cadarn ac ymarferol am bob elfen o gyhoeddi.

Cafodd y ffotograffau o blant yn gweithio eu tynnu mewn nifer o'r ysgolion y bues i'n ymweld â nhw. Diolch o galon i bob pennaeth, ymarferwr dosbarth a'r teuluoedd a adawodd i mi weithio gyda'u plant a rhoi cynnig ar sawl un o'r syniadau yn 'Dewch i Edrych!'.

Mae'r plant wedi bod yn hyfryd ac yn amyneddgar dros ben gyda'r 'fenyw wyddoniaeth'. Wrth i mi ofyn iddyn nhw egluro eu profiadau, fwy nag unwaith roedd ymateb y plentyn yn fy atgoffa am ddyfyniad o'r Tywysog Bach gan Antoine de Saint-Exupery: 'Nid yw oedolion byth yn deall unrhyw beth drostyn nhw eu hunain ac mae'n ddiflas i'r plant orfod egluro pethau iddyn nhw byth a beunydd.'

Mae'r Gymdeithas Addysg Gwyddoniaeth, sef y gymdeithas bwnc fwyaf yn y DU, wedi bod yn ffynhonnell wybodaeth a chymorth ac mae'n parhau i gefnogi pawb ohonom sy'n ymwneud ag addysg gwyddoniaeth.

Rhaid i mi hefyd ddiolch o galon i'r dylunydd graffeg, Mel Wood, am ei chreadigrwydd, ei manylder a'i hiwmor parhaus. Mae ei sgiliau amlwg yn ei galluogi i gymryd awgrym syml a'i droi'n rhywbeth difyr, defnyddiol a diddan. Os yw dyluniad a threfn y llyfr yn apelio atoch ac yn eich diddanu, ymdrechion Melissa sy'n bennaf cyfrifol.

Yn olaf, rhaid i mi ddiolch i fy nheulu, yn enwedig fy ngŵr, Peter, am eu hanogaeth hael drwy gydol y broses o ysgrifennu'r llyfr hwn.

Ysgolion

Ysgol Gynradd Aberbargoed, Bargoed, Caerffili

Ysgol Gynradd Cwrt-henri, Sir Gaerfyrddin

Ysgol Gynradd Cwrt Rawlin, Caerffili

Grŵp Chwarae Little Folk, Llanilltud Faerdref, Pontypridd

Ysgol Gynradd Llanfaes, Aberhonddu

Ysgol Gynradd St. Robert, Pen-y-bont ar Ogwr

Ysgol Gynradd Talgarth, Talgarth, Powys

Ysgol Ifor Bach, Senghennydd, Caerffili

Teuluoedd

Richard, Becky, Olivia ac Oscar James

David, Claire a Jessica Powell

Mynegai

Cyflwyniad

Mae gweithio gyda phlant ifanc yn brofiad llawn cyffro. Mae dysgwyr ifanc fel arfer yn frwdfrydig ac yn ymddiddori ym mhopeth maen nhw'n ei weld a'i wneud. Mae gwyddoniaeth yn bwnc gwych sy'n dal sylw'r plant a rhoi elfen o 'waw' yn yr ystafell ddosbarth. Er hynny, mae llawer o athrawon wedi dweud wrthyf eu bod yn teimlo'n ansicr wrth gyflwyno'r rhannau o'r cwricwlwm sy'n ymwneud â gwyddoniaeth. Nid ydyn nhw fyth gant y cant yn siŵr a ydyn nhw'n ei 'wneud yn iawn'.

Mae pobl yn aml yn gofyn i mi am weithgareddau gwyddoniaeth diddorol y gellir eu defnyddio ar unwaith yn yr ystafell ddosbarth. Mewn sawl achos, pan fydd plant yn cymryd rhan mewn gweithgaredd, bydd yn brofiad newydd sbon. Yn ddelfrydol, bydd modd iddyn nhw ddefnyddio'u holl synhwyrau, meithrin sgiliau arsylwi da a dysgu sut i gyfleu eu profiadau'n effeithiol.

Gan gadw hyn mewn golwg, cynnig cyfres o weithgareddau syml ac ysgogol a fyddai'n gwneud i blant **edrych**, **meddwl** a **siarad** am yr hyn roedden nhw wedi'i wneud oedd diben 'Dewch i Edrych, Dewch i Feddwl, Dewch i Siarad'.

Dros gyfnod ei ysgrifennu, tyfodd a datblygodd y gwaith yn rhywbeth mwy sylweddol na chasgliad o weithgareddau. Erbyn hyn, mae pob pennod yn cynnwys:

• Canllawiau ar gyfer paratoi a defnyddio'r gweithgaredd

Mae'r adran hon yn cynnwys cwestiynau allweddol y gallech eu gofyn.

• Chwilio am dystiolaeth o feddwl a dysgu

Drwy annog y plant i archwilio gwyddoniaeth mewn gwers hapus a chefnogol, yn ogystal â rhoi'r cyfle iddyn nhw ystyried a thrafod eu dealltwriaeth, bydd gennych chi a'r plant ddigonedd o gyfleoedd i nodi, asesu a dathlu eu cynnydd. Er mwyn eich helpu gyda'r broses hon, mae'r adran hon yn cynnig awgrymiadau am yr hyn y gallai'r plant ei ddysgu a'i brofi, yn ogystal â'r amrywiaeth o wahanol gyfleoedd y mae'r gweithgaredd yn ei gynnig i nodi a meithrin eu sgiliau meddwl a dysgu.

• Lluniau sy'n egluro sut mae'r plant wedi defnyddio'r gweithgaredd hwn

• Syniadau ar gyfer gweithgareddau ymestyn ar sail strategaethau Asesu Gweithredol

Mae'r strategaethau hyn yn helpu i herio syniadau'r plant a datblygu eu sgiliau meddwl ymhellach fel bod y gweithgareddau yn fwy na chael hwyl yn unig. Maen nhw'n sicrhau bod meddwl, dysgu ac asesu yn broses weithgar a dymunol i'r plant. Gall strategaethau Asesu Gweithredol hefyd annog plant i ddysgu rhagor am rywbeth fel bod asesu a dysgu yn dod yn rhan annatod o'r un broses ddi-dor. Ar gyfer pob gweithgaredd, mae un o'r strategaethau Asesu Gweithredol a awgrymir yn cael ei datblygu'n fanwl i ddangos sut y gellir ei defnyddio. Darperir taflen waith er mwyn enghreifftio'r syniad. Mae taflenni gwaith, yn ogystal ag adnoddau ychwanegol mewn rhai achosion, ar y CD er mwyn i chi allu eu hargraffu.

Darperir tair ffynhonnell arall o gymorth hefyd:

- Cyflwyniad i'r strategaethau Asesu Gweithredol
- Canllawiau ar gyfer creu awyrgylch cefnogol i annog plant i siarad
- Cyfeiriadau a manylion ar gyfer cyflenwyr adnoddau

Mae'r adran 'Chwilio am dystiolaeth o feddwl a dysgu' yn seiliedig ar fframwaith a ddatblygwyd gan Brenda Keogh a Stuart Naylor, ac a gyhoeddwyd gyntaf yn Bird a Saunders (2007). Cewch fwy o wybodaeth am Asesu Gweithredol yn Naylor, Keogh a Goldsworthy (2004). Mae'r strategaethau Asesu Gweithredol a ddefnyddir ym mhob rhan o'r llyfr hwn wedi deillio o amrywiaeth o adnoddau, gan gynnwys APADGOS (2006).

Defnyddio strategaethau Asesu Gweithredol i hyrwyddo siarad, dangos dealltwriaeth a symud y dysgu ymlaen

Mae'r adran hon yn cynnwys gwybodaeth gyffredinol am y strategaethau Asesu Gweithredol a ddefnyddir yn y llyfr hwn. Mae strategaethau Asesu Gweithredol wedi'u creu i roi cyfleoedd i blant drafod ac archwilio eu syniadau. Gellir eu defnyddio gydag unigolion ond maen nhw'n cael mwy o effaith ar ddysgu pan mae plant yn cael eu hannog i siarad gyda'i gilydd. Efallai y bydd angen cefnogaeth ar blant iau neu lai hyderus neu efallai y bydd angen i'r athro/athrawes gyfryngu ar eu rhan. Yn y modd hwn, mae'r plant yn herio syniadau ei gilydd a gwneud yn amlwg yr hyn y maen nhw'n ei feddwl a'i wybod neu beidio. Mae plant yn cymryd rhan yn y broses ddysgu ac asesu ac maen nhw'n dechrau pennu eu hagenda eu hunain ar gyfer dysgu.

Lluniau wedi'u hanodi

Drwy ofyn i blant gynnwys geiriau ar eu lluniau, rhoddir cyfle iddyn nhw gyfleu'r hyn maen nhw'n ei weld a'i feddwl yn fwy eglur. Mae hefyd yn eu hannog i edrych yn fwy gofalus. Efallai nad oes gan blant y gallu i ddangos croen oren panylog, ond maen nhw'n gallu defnyddio geiriau i egluro sut mae'r croen yn edrych, yn teimlo ac yn arogli. Yn amlwg, gallwch baratoi geiriau ymlaen llaw ar gyfer plant nad ydyn nhw'n ysgrifennu eto.

Mae gofyn am luniau wedi'u hanodi ar ddechrau ac ar ddiwedd pwnc yn eich helpu chi a'r plant i weld faint maen nhw wedi'i ddysgu. Mae enghraifft i'w gweld yng Ngweithgaredd 5, Tynnu Lluniau o Bartneriaid.

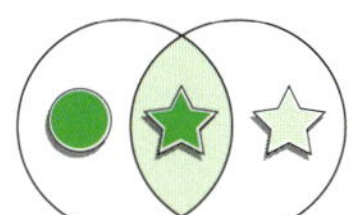

Dosbarthu a grwpio

Mae dosbarthu a grwpio yn rhoi cyfleoedd i blant drafod gwahanol bosibiliadau, egluro eu syniadau wrth ei gilydd a cheisio dod i gytundeb. Maen nhw'n dysgu sut i arsylwi'n ofalus, chwilio am batrymau a chyffredinoli. Wrth wneud hyn, maen nhw'n dangos sut mae eu dealltwriaeth yn datblygu.

Rydyn ni'n tueddu i feddwl bod dosbarthu a grwpio yn golygu mwy neu lai yr un peth, ond mae gwahaniaeth cynnil rhyngddyn nhw. Wrth ddosbarthu, rydyn ni'n defnyddio meini prawf i ddidoli; wrth grwpio, rydyn ni fel arfer yn rhoi pethau mewn grwpiau lle nad oedd y meini prawf wedi'u pennu ymlaen llaw. Mae enghraifft o Ddosbarthu a Grwpio i'w gweld yng Ngweithgaredd 1, Waliau Teimlo.

Cymharu a chyferbynnu

Mae plant yn fwy tebygol o sylwi ar yr hyn sy'n wahanol rhwng gwrthrychau yn hytrach na'r hyn sy'n debyg. Mae'r dull cymharu a chyferbynnu yn annog plant i feithrin eu sgiliau arsylwi a chwilio am nodweddion tebyg yn ogystal. Er enghraifft, mae modd cymharu a chyferbynnu corryn/pry cop a chleren o ran:

- sut maen nhw'n symud
- siâp eu cyrff
- faint o goesau sydd ganddyn nhw
- ac yn y blaen.

Mae modd defnyddio trefnwyr graffeg i helpu plant i gymharu a chyferbynnu. Maen nhw'n herio ffyrdd o feddwl wrth i blant geisio dod i gytundeb ynghylch eu syniadau, yn ogystal â rhoi tystiolaeth uniongyrchol o'u dealltwriaeth. Mae enghraifft o Gymharu a Chyferbynnu i'w gweld yng Ngweithgaredd 26, Teuluoedd Traed.

Cartŵn Cysyniad®

Mae Cartŵn Cysyniad yn defnyddio arddull cartŵn lle mae gan wahanol gymeriadau wahanol syniadau am sefyllfa bob dydd. Er enghraifft, gall grŵp o blant fod yn dadlau am roi côt ar ddyn eira ai peidio.

"Paid â rhoi côt i'r dyn eira. Bydd yn ymdoddi."
"Rwy'n credu y bydd yn ei gadw'n oer, a'i gadw rhag ymdoddi."
"Fydd hynny ddim yn gwneud gwahaniaeth."

Drwy ddangos amrywiaeth o syniadau, gwahoddir y plant i ymuno yn y sgwrs ac archwilio beth maen nhw'n ei feddwl. Maen nhw'n gweld bod sawl syniad posibl, felly maen nhw'n cael eu hannog i egluro a chyfiawnhau eu barn. Yn naturiol, mae hyn yn arwain at ganfod atebion drwy archwilio ac ymchwilio. Mae enghraifft o Gartŵn Cysyniad i'w gweld yng Ngweithgaredd 21, Eira'r Haf.

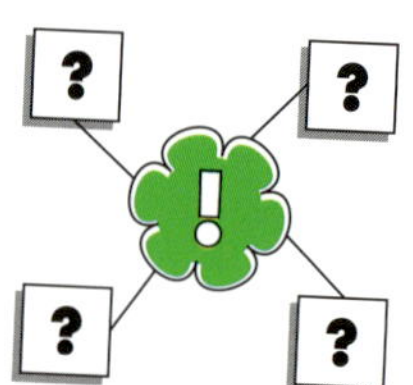
Map cysyniad

Mae mapiau cysyniad yn cael eu defnyddio gyda phlant hŷn fel arfer, ond mae modd eu defnyddio gyda phlant iau. Os yw sgiliau ysgrifennu'r plant yn brin, gallwch ddefnyddio lluniau a saethau yn lle geiriau. Bydd angen dangos i'r plant sut i ddefnyddio map cysyniad a bydd rhai ohonyn nhw wedyn yn gallu cynnig syniadau gydag ond ychydig o gefnogaeth gan oedolyn.

Mae cysyniadau unigol yn cael eu dangos mewn blychau fel lluniau neu eiriau. Mae llinellau'n cael eu llunio i gysylltu'r cysyniadau ac ychwanegir geiriau cysylltiol at y llinellau hyn. Geiriau gweithredol fel bwyta a rhewi yw'r geiriau cysylltiol gorau. Mae saethau yn dangos sut i ddarllen y cysylltau. Dyma sut y gallwch chi helpu plant i ddysgu sut i greu map cysyniad:

- Ysgrifennwch neu casglwch y geiriau allweddol gan y plant am bwnc cyfarwydd. Er enghraifft, os Pethau Byw yw'r pwnc, gall anifeiliaid, cŵn, planhigion, adar neu wyau fod ymhlith y termau.
- Ysgrifennwch bob gair ar ddarnau unigol o bapur neu gerdyn er mwyn gallu eu symud o gwmpas. Peidiwch â defnyddio gormod o eiriau. Defnyddiwch luniau yn ogystal â geiriau lle bo'n bosibl.
- Gofynnwch i'r plant ba eiriau sy'n gysylltiedig yn eu barn nhw a pham. Wrth drafod y cysyniadau, pwysleisiwch y cysylltiadau rhyngddyn nhw.
- Trefnir y cardiau fel bod y termau cysylltiedig wrth ymyl ei gilydd. Er enghraifft, mae wyau wrth ymyl yr anifeiliaid sy'n eu deor. Cysylltir y geiriau hyn â saeth.

- Gallwch gael geiriau cysylltiol syml yn barod ymlaen llaw ar gardiau saeth, neu ysgrifennwch eiriau y mae'r plant yn eu hawgrymu ar saethau gwag.
- Pan fydd pawb yn hapus, gallwch lynu'r cardiau ar ddarn mawr o bapur neu gallwch adael i'r plant archwilio a thrafod ymhellach ar eu pen eu hunain.

Os nad ydych wedi gweld map cysyniad o'r blaen, gallwch weld enghreifftiau yn Novak a Gowin (1984), White a Gunstone (1992), Naylor, Keogh a Goldsworthy (2004) neu gallwch ddod o hyd i sawl enghraifft ar y we. Mae enghraifft o Fapiau Cysyniad i'w gweld yng **Ngweithgaredd 18, Rasys Hylif**.

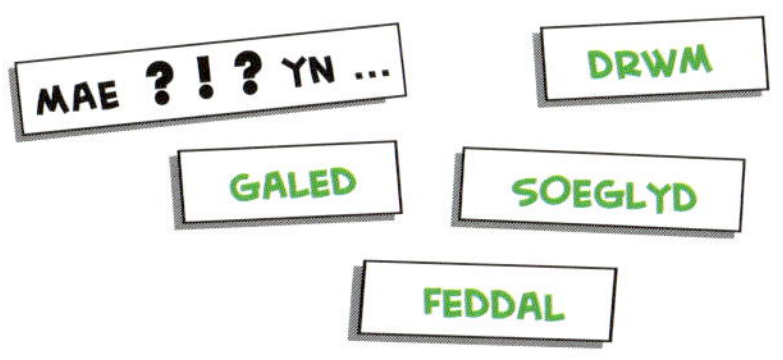

Brawddegau cysyniad

Mae plant yn cael y dasg o roi brawddegau sydd wedi'u rhannu ynghyd am nad ydych yn gwybod sut i'w rhoi gyda'i gilydd. Rydych yn darparu nifer o eiriau allweddol ar gardiau gyda lluniau arnyn nhw, os oes modd. Mae'r plant yn defnyddio'r geiriau hyn i ffurfio brawddegau. Gallant ychwanegu geiriau eraill ar gardiau gwag i'w helpu i gwblhau brawddegau. Mae modd defnyddio pob gair fwy nag unwaith.

Gwnewch yn siŵr bod ansoddeiriau yn ogystal ag enwau. Rhowch luniau i gyd-fynd â'r enwau lle bynnag y bo modd. Anogwch y plant i siarad am eu brawddegau wrth iddyn nhw eu creu. I greu eu brawddegau, gallai'r plant fod eisiau rhoi cynnig ar rywbeth neu wirio eu syniadau. Mae enghraifft o Frawddegau Cysyniad i'w gweld yng **Ngweithgaredd 25, Traed yn Teimlo**.

Creu rhestr o gyfarwyddiadau

Yn y gweithgaredd hwn, gofynnir i'r plant lunio cyfres o gyfarwyddiadau ar gyfer rhywun arall. Gall y plant baratoi'r cyfarwyddiadau eu hunain neu gallwch ddarparu'r camau unigol ar stribedi o bapur er mwyn iddyn nhw eu trefnu. Drwy egluro'r drefn, efallai y bydd syniadau'r plant yn cael eu cwestiynu neu gallen nhw egluro eu syniadau drwy ofyn cwestiynau am y broses.

Mae'r strategaeth hon yn cael ei defnyddio tua diwedd y topig fel arfer pan fydd y plant wedi cael digon o wybodaeth i ddefnyddio eu dysgu. Er enghraifft, ar ôl gwneud jeli yn y dosbarth, gallai'r plant feddwl am y camau unigol sydd eu hangen cyn gallu ei fwyta. Mae enghraifft o'r strategaeth hon i'w gweld yng Ngweithgaredd 7, Jariau Chwyrlïo.

Creu stori

Mae storïau yn gyffrous, yn ddifyr ac yn hwyl. Gall cyflwyno problem neu gyfres o ffeithiau ar ffurf stori wneud y gwaith yn fwy difyr a helpu'r plant i gydio yn y dasg yn gyflymach. Drwy gydio yn y stori, bydd plant yn rhannu eu syniadau, ystyried y posibiliadau, disgrifio beth sy'n digwydd ac egluro beth maen nhw'n ei feddwl. Er enghraifft, yng Ngweithgaredd 25, Traed yn Teimlo, gallech Greu Stori yn ôl patrwm 'Rydyn Ni'n Mynd i Hela Arth' (Rosen ac Oxenbury, 1999). Mae enghraifft o'r strategaeth hon i'w gweld yng Ngweithgaredd 6, Gadewch Fi'n Rhydd!

Camgymeriadau bwriadol

Fel mae'r enw'n ei awgrymu, mae'r dull hwn yn dibynnu arnoch chi yn dangos neu'n gwneud rhywbeth sy'n anghywir a'r plant yn sylwi ar beth ddigwyddodd. Mae defnyddio camgymeriadau bwriadol yn helpu plant i egluro eu syniadau eu hunain drwy arsylwi a thrafod gydag eraill. Mae'n eich helpu chi i asesu sut maen nhw'n ymateb i'r camgymeriadau bwriadol. Ydyn nhw'n sylwi ar y camgymeriadau, a sut dylai'r camgymeriadau gael eu cywiro yn eu barn nhw? Mae'n fuddiol awgrymu efallai y byddwch yn gwneud camgymeriad drwy ddweud rhywbeth fel "Dw i'n teimlo braidd yn ddryslyd heddiw, felly efallai na fydda i'n cael popeth yn gywir. Fedrwch chi fy helpu a rhoi gwybod i mi os sylwch chi arna i'n gwneud unrhyw gamgymeriadau?"

Er enghraifft, gallech ddechrau ymarfer didoli drwy roi creaduriaid â nifer amrywiol o goesau mewn gwahanol grwpiau. Os rhowch bryfyn yng nghategori'r creaduriaid â dwy goes, dylai rhywun allu sylwi ar y camgymeriad yn eithaf cyflym, ond mae'n bosibl na fyddai rhywun yn sylwi os yw cranc yn cael ei roi yng ngrŵp y creaduriaid 6 choes. Mae enghraifft o Gamgymeriadau Bwriadol i'w gweld yng Ngweithgaredd 24, Troellwyr Clipiau Papur.

Y Gadair Boeth

Yn y strategaeth hon, mae un neu ddau o blant yn cael eu dewis i fod yn 'arbenigwyr' neu i chwarae rôl cymeriad fel ceidwad sw. Gellir rhoi gwybodaeth iddyn nhw neu gallant wneud peth 'ymchwil' am eu topig ymlaen llaw. Gall gweddill y dosbarth ofyn hyd at 10 cwestiwn i ganfod gwybodaeth am anifail penodol. Neu mae'r plant yn dyfalu pa anifail y mae'r arbenigwyr wedi cael gwybodaeth amdanyn nhw drwy ofyn cwestiynau perthnasol. Dim ond atebion syml cadarnhaol neu negyddol ('ydy', 'nac ydy', ac ati) y mae'r arbenigwyr yn cael eu rhoi. Cwestiynau fel y rhain sy'n cael eu gofyn:

- Ydy'r anifail yn byw mewn dŵr?   • Ydy'r anifail yn dodwy wyau?

Mae'r plant yn dysgu'n gyflym pa gwestiynau sy'n rhoi'r wybodaeth fwyaf, a gall hyn arwain at drafodaeth ddefnyddiol am sut i ganfod gwybodaeth a pha gwestiynau yw'r rhai gorau i'w gofyn. Mae enghraifft o'r strategaeth hon i'w gweld yng **Ngweithgaredd 5, Tynnu Lluniau o Bartneriaid**.

Grid GESD

Mae'r gridiau 4 colofn syml hyn yn nodi beth mae dysgwyr yn ei **Wybod** am bwnc, beth maen nhw **Eisiau** ei wybod amdano, **Sut** maen nhw'n meddwl y byddant yn cael y wybodaeth ac yna'r hyn maen nhw wedi'i **Ddysgu** erbyn y diwedd. Gall plant unigol ddefnyddio'r gridiau hyn, ond mae cydweithio ar y grid yn fwy cynhyrchiol.

- Gallwch drafod topig, fel creaduriaid bach, gyda'r dosbarth i weld beth maen nhw'n ei wybod yn eu barn nhw.
- Gallwch gofnodi'r pwyntiau y maen nhw'n eu gwneud yn y golofn gyntaf.
- Wedyn, gall y plant feddwl am beth hoffen nhw ei wybod a sut y bydden nhw'n canfod yr atebion.
- Yn olaf, ar ôl ymchwilio neu archwilio, gellir cwblhau'r golofn olaf i ddangos beth sydd wedi'i ddysgu.

Mae enghraifft o Grid GESD i'w gweld yng **Ngweithgaredd 3, Corryn/ Pry Cop**.

Llunio rhestr

Dyma strategaeth syml y gall plant ei defnyddio i rannu eu syniadau. Mae'n fan cychwyn defnyddiol ar gyfer topig os ydych eisiau gweld beth mae'r plant eisoes yn ei wybod. Mae'n creu syniadau ar gyfer ymchwilio pellach. Fel gyda'r rhan fwyaf o'r dulliau Asesu Gweithredol hyn, mae'n bosibl ei wneud gydag unigolion. Fodd bynnag, mae trafodaeth mewn grŵp yn fwy defnyddiol gan fod rhannu syniadau yn ysgogi'r plant i addasu, ymestyn a dysgu syniadau newydd.

Er enghraifft, gall llunio rhestr o bethau sy'n suddo godi pob math o gwestiynau fel:

- a yw'r plant yn cytuno ar beth fydd yn suddo?
- a fedrwch chi wneud rhywbeth i wneud i wrthrych arnofio neu suddo?
- sut y gallen nhw ragfynegi a fydd rhywbeth yn suddo?

Yn ystod y drafodaeth, gallwch gasglu unrhyw eiriau neu syniadau a godwyd gan y plant, yn ddelfrydol ar fwrdd gwyn neu siart troi. Gall hwn fod yn rhan o arddangosfa sy'n cynorthwyo gwaith y plant yn ystod y topig hwnnw. Mae enghraifft o Lunio Rhestr i'w gweld yng **Ngweithgaredd 14, Ble mae'r Enfys?**

Symud o ddisgrifio i egluro

 Y gallu i arsylwi gan ddefnyddio pob synnwyr yw hanfod gwyddoniaeth dda. Wrth i blant ddatblygu, maen nhw'n dysgu bod eu disgrifiadau o arsylwadau yn gallu arwain at egluro'n syml. Mae egluro yn sgìl uwch ac mae angen mwy o feddwl ar ei gyfer yn hytrach na dim ond disgrifio'r hyn sydd o'u blaen. "Rwyt ti wedi dweud bod y papur llyfnu yn teimlo'n arw a bod y papur ysgrifennu yn llyfn. Pam wyt ti'n meddwl bod y papur llyfnu mor arw?"

Hyd yn oed os nad yw'r plant yn gallu mynegi eu syniadau, mae eu hannog i feddwl am sut i egluro pethau yn ddefnyddiol. Drwy eu hannog i feddwl am pam mae rhywbeth yn digwydd, rydyn ni'n eu helpu i werthfawrogi esboniadau. Er mwyn egluro'n glir, efallai y bydd y plant eisiau gwneud rhagor o archwilio a datblygu eu syniadau ymhellach yn sgil hynny. Mae enghraifft o Symud o Ddisgrifio i Egluro i'w gweld yng **Ngweithgaredd 1, Waliau Teimlo**.

Arsylwi, rhagfynegi, arsylwi, egluro

Yn y strategaeth hon, rydych yn gofyn i blant wneud y canlynol un ar ôl y llall:

- arsylwi rhywbeth
- rhagfynegi beth fydd yn digwydd nesaf yn eu barn nhw
- arsylwi beth sy'n digwydd mewn gwirionedd
- yna ceisio egluro beth sy'n digwydd.

Gyda phlant hŷn, rhagfynegi, arsylwi ac egluro yw'r drefn fel arfer (gweler White a Gunstone, 1992). Ond, gyda phlant iau, mae'r arsylwi dechreuol yn helpu i osod y cyd-destun ar gyfer meddwl, yn ogystal ag ennyn diddordeb y plant. Yn gyffredinol, ni fydd gan blant iau ddigon o wybodaeth i allu rhagfynegi'n iawn. Iddyn nhw, mae rhagfynegi yn fwy tebygol o fod yn fater o roi eu barn neu ddyfalu ar sail gwybodaeth. Gallen nhw ragfynegi ar lafar, yn ysgrifenedig neu ar ffurf llun. Mae enghraifft o arsylwi, rhagfynegi, arsylwi, egluro i'w gweld yng **Ngweithgaredd 13, Haenau Hylif**.

Nodi'r un sy'n wahanol

Mae nodi'r un sy'n wahanol yn strategaeth syml iawn sydd wrth fodd y plant. Er ei bod yn ymddangos fel gêm, mae'n ddull ysgogi gwerthfawr ar gyfer rhesymu, dosbarthu, deall nodweddion, dysgu geirfa allweddol, ac ati.

Gallwch wneud hyn drwy ddefnyddio rhestr fer neu ddangos cyfres o luniau. Er enghraifft, "Hwyaden, gwylan, broga, aderyn y to ... Pa un sy'n wahanol? Meddyliwch am ble maen nhw'n byw, sut maen nhw'n symud, sut fath o goesau sydd ganddyn nhw, ac ati." Os oes mwy nag un ateb posibl, fel sy'n aml yn wir, gall hyn arwain at drafodaeth aeddfed yn y dosbarth ac mae'n helpu i ddatblygu sgiliau egluro uwch. Mae enghraifft o'r strategaeth Nodi'r Un Sy'n Wahanol i'w gweld yng **Ngweithgaredd 17**, **Didoli Defnyddiau**.

Cardiau brawddegau

Mae'r dull hwn yn cyfuno'r elfennau o gydweddu a dilyniannu. Mae'n ffurf fwy trefnus ar strategaeth y brawddegau cysyniad. Mae brawddegau syml yn cael eu torri'n 2 ran neu ragor a'u cymysgu. Gofynnir i'r plant roi'r darnau o frawddegau at ei gilydd i greu datganiadau mwy synhwyrol. Wrth drafod y posibiliadau, rhaid iddyn nhw egluro beth maen nhw'n ei feddwl a gallen nhw newid eu syniadau. Gall brawddegau nad ydyn nhw'n cydweddu fod yn ddoniol dros ben. Gall unrhyw ddiffyg cytundeb arwain at ymchwil pellach.

Ar ôl ymgyfarwyddo â'r strategaeth, gall y plant greu cardiau brawddegau y gall eraill eu defnyddio. Mae'r brawddegau isod yn un enghraifft o gyfres a grëwyd gan grŵp o blant 6 a 7 oed ar gyfer plant eraill yn eu dosbarth. Mae enghraifft o Gardiau Brawddegau i'w gweld yng **Ngweithgaredd 4**, **Her Dan Fwgwd**.

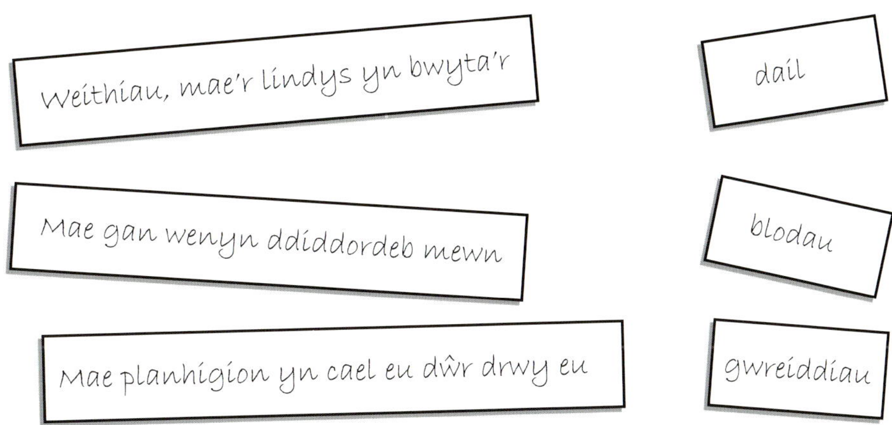

Dilyniannu

Mae ymarferion dilyniannu yn cael eu defnyddio'n aml gyda dysgwyr ifanc. Mae dilyniannu'n ymwneud â gosod cyfres o ffotograffau, lluniau neu frawddegau mewn trefn resymegol. Mae cael adnodd ymarferol i'w symud o gwmpas yn ddefnyddiol. Mae cyfiawnhau eu rhesymau dros ddilyniant penodol yn helpu plant i feithrin eu sgiliau egluro. Gall bod yn ansicr ynghylch y dilyniant annog plant i chwilio am fwy o wybodaeth a datblygu eu syniadau ymhellach.

Er enghraifft, gallen nhw roi camau yn eu trefn ar gyfer ciwb o rew yn ymdoddi neu wneud cacen. Gallen nhw ddefnyddio'r un strategaeth i baratoi llwybr diddorol o amgylch cynefin gan ddefnyddio lluniau neu ffotograffau o ardal gyfarwydd. Mae enghraifft o Ddilyniannu i'w gweld yng **Ngweithgaredd 22, Ble mae Benny?**

Sblat!

Mae modd trefnu'r fersiwn sgiliau meddwl hwn o Bingo! ar gyfer timau mewn sawl ffordd. Rydych yn dechrau drwy drefnu 'wal' sy'n cynnwys amrywiaeth o eiriau neu luniau. Gall y wal hon fod ar fwrdd du, bwrdd gwyn, wedi ei hargraffu ar bapur, neu hyd yn oed ar gardiau grid bach y mae plant ar bob bwrdd yn eu rhannu.

Mae pob tîm yn dewis 'sblatiwr'. Rydych yn darllen y disgrifiad neu'r diffiniad. Mae pwy bynnag sy'n 'sblatio' ei law dros y gair neu'r llun cywir ar y grid yn ennill pwynt i'w dîm. Gellir annog y plant i egluro eu dewis wrth weddill y dosbarth. Gall unrhyw air nad yw'r holl blant yn siŵr o'i ystyr gael ei roi o'r neilltu er mwyn ei drafod yn fanylach ar ôl y gêm. Mae enghraifft o Sblat! i'w gweld yng **Ngweithgaredd 12, Gwnewch Hwyaden i Mi**.

Tabŵ

Mae'r gêm gardiau hon yn ysgogi llawer o chwerthin ac mae'n tueddu i fod yn swnllyd, ond mae'n ffordd dda iawn o hybu meddwl creadigol. Rhoddir cerdyn i bob plentyn ym mhob grŵp. Mae'r cerdyn yn cynnwys un gair mewn llythrennau mawr amlwg ar y brig. Dyma'r gair i'w ddyfalu. O dan y gair mae 3 neu 4 gair arall ac ni cheir dweud unrhyw un ohonynt. Gall yr unigolyn â'r cerdyn ddweud unrhyw beth y dymuna ar wahân i'r geiriau ar y cerdyn. Er enghraifft:

taten
stwnsh   sglodion   pob

Yn yr enghraifft hon, ni cheir dweud unrhyw un o'r geiriau ar y cerdyn, ond gall plentyn ddweud, "Mae'n llysieuyn, mae'n tyfu yn y pridd", ac ati. Byddai'n syniad da i chi esbonio sut i chwarae'r gêm cyn i'r plant ddechrau chwarae'r gêm. Efallai nad oes gan blant ifanc iawn yr hunanreolaeth i allu chwarae'r gêm heb gymorth oedolyn. Mae enghraifft o Tabŵ i'w gweld yng Ngweithgaredd 10, Ffrwythau a Llysiau.

Mat meddwl

Mae'r mat meddwl yn ffordd dda o annog plant i siarad gyda'i gilydd, gwrando ar syniadau ei gilydd a dod i gytundeb. Er enghraifft, gallech ofyn i'r dosbarth, "Beth fyddai ei angen ar anifail anwes i fod yn iach ac yn hapus?"

- Mae'r plant yn ysgrifennu neu'n llunio eu syniadau ar eu dalen bapur eu hunain, heb drafod.
- Ar ôl ychydig funudau, mae grwpiau bach yn dod ynghyd ac yn cael dalen o bapur lliw fel eu mat meddwl.
- Fesul un, mae'r plant yn disgrifio eu syniadau wrth y plant eraill.
- Mae aelod o'r grŵp sy'n ysgrifennu (oedolyn, o bosibl) yn nodi'r syniadau y mae pawb yn cytuno arnyn nhw ar y mat meddwl.
- Os nad yw'r grŵp yn cytuno ar bwynt penodol, nid yw'r pwynt hwnnw'n cael ei ychwanegu at y mat meddwl. Gellir nodi'r rhain er mwyn eu hystyried a'u trafod rywbryd eto.
- Gellir casglu a chymharu'r gwahanol fatiau meddwl.

Gall y meysydd lle nad yw'r plant yn cytuno arnyn nhw greu cyfres o gwestiynau i gynorthwyo dysgu pellach. Mae enghraifft o Fat Meddwl i'w gweld yng Ngweithgaredd 9, Blociau Rhew.

Cywir/anghywir/efallai

Mae cywir/anghywir/efallai yn fersiwn sy'n addas i blant o'r datganiadau gwir/anwir. Gofynnir i blant drafod datganiad neu gwestiwn a phenderfynu a yw'n wir neu'n anwir neu ai 'cywir', 'anghywir' neu 'efallai' yw'r ateb. Er enghraifft, 'Mae gan bob ci dair coes'. Gallen nhw ddefnyddio amrywiaeth o ffyrdd i ddangos eu penderfyniad, fel Bawd i Fyny, Bawd i Lawr (neu bawd ar draws os nad ydyn nhw'n siŵr).

Pan mae'n cael ei defnyddio wrth ddechrau trafod pwnc, mae'r strategaeth yn datgelu llawer am eu dealltwriaeth, yn eu hannog i feddwl am y datganiadau ac yn dechrau'r broses ddysgu. Gall fod yn ddull asesu crynodol gwerthfawr. Mae enghraifft o Cywir/Anghywir/Efallai i'w gweld yng Ngweithgaredd 10, Ffrwythau a Llysiau.

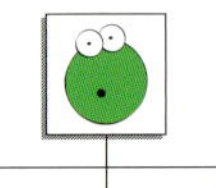

Trefnydd graffeg i bob rhan

Gall trefnwyr graffeg helpu i arwain meddwl y plentyn drwy gynnig dull gweledol i drefnu ei feddyliau. Mewn trefnydd graffeg i bob rhan, mae angen i blant feddwl am wahanol rannau o rywbeth a thrafod beth fyddai'n digwydd pe byddai un rhan yn cael ei thynnu neu ar goll. Mae'r holl beth, ei rannau, a beth fyddai'n digwydd pe byddai un rhan ar goll, yn creu dull gweledol sy'n debyg i wreiddiau coeden.

Er enghraifft, gallen nhw feddwl am rannau unigol rhywun, ac yna meddwl am y goblygiadau pe na bai ganddo lygaid/coesau, ac ati. Gallen nhw feddwl am rannau o dŷ cyn penderfynu beth fyddai'n digwydd pe na bai drws/plygiau trydan, ac ati, ynddo. Mae enghraifft o Drefnydd Graffeg i Bob Rhan i'w gweld yng Ngweithgaredd 19, Lluniau Cyflym.

Er mwyn gwneud defnydd llawn o'r manteision y mae profiadau gwyddoniaeth yn eu cynnig, mae'n bwysig creu sefyllfa lle mae pob plentyn yn teimlo'n gyfforddus ac yn hyderus i rannu eu syniadau.

Mae plant yn fwy tebygol o siarad os ydyn nhw'n deall eich bod yn gwerthfawrogi eu hymdrechion i ddisgrifio ac egluro. Maen nhw'n llai tebygol o deimlo'n 'gyfrifol' ac ansicr ynghylch eu sylwadau os ydyn nhw'n gallu sgwrsio gyda chyd-ddisgybl neu wneud penderfyniad mewn grŵp yn gyntaf.

Dyma rai ffyrdd sy'n fy helpu i greu sefyllfa gefnogol.

Gofyn cwestiynau

Mae'r ffordd y mae cwestiynau'n cael eu gofyn yn gwneud byd o wahaniaeth i hyder y plant. Efallai eu bod yn teimlo bod yr athro/athrawes eisoes yn gwybod. Felly, yn lle rhoi eu barn onest, maen nhw'n ceisio rhoi'r geiriau y mae'r athro/athrawes am eu clywed yn eu barn nhw. Mae athrawon yn aml yn gofyn cwestiynau sy'n ymwneud â chofio ffeithiau yn lle rhoi'r cyfleoedd iddyn nhw rannu a chydnabod amrywiaeth eu syniadau.

Mae cynnig enghraifft o sut i fynd ati i ateb cwestiynau yn syniad da, hyd yn oed os nad ydych yn gwybod yr ateb. Mae rhoi cynnig ar chwilio am atebion i gwestiynau yn syniad da, hyd yn oed os nad ydych yn gwybod yr ateb. Beth am ofyn "Faint o gwestiynau y gallwn ni feddwl amdanyn nhw? Beth am weld faint y gallwn ni eu hateb nawr a pha rai y bydd angen i ni gael gwybod mwy amdanyn nhw yn ddiweddarach."

Peidiwch â phoeni os na allwch ateb pob un o gwestiynau'r plant. Os oes modd, gadewch i'r plant chwilio am yr atebion. Os nad oes modd ateb rhai cwestiynau, nodwch y rhain ar fwrdd o gwestiynau i'w hymchwilio ryw dro arall. Peidiwch â honni eich bod yn gwybod yr ateb os nad ydych yn siŵr! Mae enghraifft o'r strategaeth hon i'w gweld yng **Ngweithgaredd 3, Corryn/Pry Cop**.

Partneriaid siarad

Dyma ffordd wych o annog plant i siarad gyda'i gilydd mewn sefyllfa ddiogel a chefnogol. Mae'n rhoi amser iddyn nhw feddwl er mwyn iddyn nhw allu hel eu meddyliau am y gweithgaredd.

Ar unrhyw adeg yn ystod gweithgaredd, gofynnir i'r plant ddewis partner a siarad gyda'u partner am ychydig funudau. Gallech ddweud pethau fel:

- "Gyda'ch partner siarad, meddyliwch am 3 pheth rydych chi'n eu hoffi am y gweithgaredd hwn", neu
- "Beth ydych chi a'ch partner siarad yn meddwl fydd yn digwydd?"

O bryd i'w gilydd, byddaf yn gofyn iddyn nhw ddewis Partner Sibrwd yn hytrach na phartner siarad, os byddaf am gadw lefel y sŵn yn is!

Ar ôl y drafodaeth, gall y plant roi adborth i'r holl ddosbarth am beth benderfynon nhw ei wneud yn eu parau. Drwy wneud hyn, maen nhw'n fwy parod i siarad am nad ydyn nhw'n teimlo'n lletchwith drwy orfod siarad ar eu pen eu hunain. Defnyddir Partneriaid Siarad yng **Ngweithgaredd 11, I Fyny ac i Lawr**.

Paru, rhannu, cymharu

Mae hyn yn dilyn yn naturiol ar ôl Partneriaid Siarad.

- Mae dau o blant yn siarad gyda'i gilydd am dopig penodol.
- Mae'r pâr hwn yn ymuno â phâr arall.
- Maen nhw i gyd yn rhannu eu syniadau am y topig.

Os ydych wedi gofyn i bâr feddwl am ddau bwynt, gallech ofyn i'r grŵp feddwl am dri syniad i'w rhannu gyda gweddill y dosbarth. Bydd y plant yn teimlo'n fwy diogel mewn grŵp bach yn ôl pob tebyg. Gallen nhw wrando ar syniadau ei gilydd a thrafod yr amrywiaeth o syniadau cyn penderfynu ar eu hateb. Mae amlinelliad o 'Paru, Rhannu, Cymharu' i'w weld yng **Ngweithgaredd 11, I Fyny ac i Lawr**.

Asesu gan gyfoedion

Pryd bynnag y bydd plant yn rhannu eu syniadau ymysg ei gilydd, bydd rhywfaint o hunanasesu ac asesu gan gyfoedion yn digwydd. Mae'n werth rhoi amser i blant fyfyrio am waith ei gilydd. Gallwch wneud hyn drwy:

- Ddechrau'r broses i blant. "Ro'n i'n meddwl ei bod yn ddefnyddiol iawn pan ddywedodd Brian a Jaz wrthon ni am sut y mesuron nhw pa mor bell y rholiodd y ceir. Beth oedd yn ddefnyddiol, yn eich barn chi? Meddyliwch amdano am funud cyn trafod gydag eraill.
- Cadw enghreifftiau o waith drafft plant eraill er mwyn iddyn nhw ddod i'r arfer o roi sylwadau am waith eu cyd-ddisgyblion.
- Gofyn i'r plant roi seren a dymuniad - ar gyfer rhywbeth sy'n dda a rhywbeth i'w ddatblygu. "Dw i'n hoffi'r ffordd rwyt ti wedi tynnu llun mawr o'r corryn/pry cop er mwyn i mi allu gweld y rhannau'n glir. Fedri di wneud yr un peth gyda'r mwydyn hefyd?"

Mae angen i chi fod yn sensitif wrth wneud hyn er mwyn i bob plentyn deimlo'n gyfforddus gyda'r canlyniad. Drwy annog y plant i roi sylwadau am waith rhywun arall, rydych yn eu helpu i fyfyrio ar eu gwaith eu hunain hefyd. Mae enghraifft o 'Asesu gan gyfoedion' i'w gweld yng Ngweithgaredd 19, Lluniau Cyflym.

Bawd i fyny, bawd i lawr

Gofynnir i'r plant ystyried sylw neu gwestiwn. Gallen nhw siarad amdano gyda'u partner siarad. Maen nhw'n dangos beth maen nhw'n ei feddwl drwy ddefnyddio eu bodiau – ie (bawd i fyny), na (bawd i lawr) neu efallai (bawd ar draws).

Mae hyn yn debyg i gardiau'r goleuadau traffig:

- "Dangoswch y cerdyn gwyrdd i mi os ydych yn deall."
- "Dangoswch y cerdyn oren i mi os nad ydych yn siŵr."
- "Dangoswch y cerdyn coch os hoffech chi i mi ailadrodd neu os oes angen help arnoch chi."

Mae enghraifft o'r gweithgaredd hwn i'w gweld yng Ngweithgaredd 13, Haenau Hylif.

Yn dod atoch yn fuan

Mae'r plant yn cael eu rhybuddio ymlaen llaw y bydd angen iddyn nhw siarad. Gallech ddweud, "Mewn dwy funud, dw i'n mynd i ofyn i chi ddweud wrthon ni beth rydych chi'n ei wybod am sut mae hadau'n tyfu. Ewch ati i sgwrsio a pharatoi i sôn am eich syniadau wrthon ni." Mae hyn yn galluogi plant i rannu syniadau a bod yn barod gydag ateb pan ofynnir cwestiwn iddyn nhw. Mae enghraifft o'r strategaeth hon wedi'i hamlinellu yng Ngweithgaredd 13, Haenau Hylif.

Dim dwylo i fyny

Gallwch ddweud wrth y dosbarth eich bod yn bwriadu gofyn rhai cwestiynau iddyn nhw, ond nid ydych eisiau gweld unrhyw ddwylo'n cael eu codi. Gall hyn ymddangos fel cam sy'n mynd yn groes i bob greddf, ond y broblem gyda chodi dwylo yw mai'r un rhai sy'n tueddu i wneud hynny tra bod eraill yn colli diddordeb. Drwy ofyn iddyn nhw beidio â chodi dwylo, disgwylir i bob plentyn feddwl neu siarad oherwydd gellir gofyn i unrhyw un ohonyn nhw ateb cwestiwn. Drwy wneud hyn, mae'r plant nad ydyn nhw fel arfer yn cynnig atebion yn fwy tebygol o roi sylw a chymryd rhan yn y drafodaeth. Mae enghraifft o'r strategaeth hon wedi'i hamlinellu yng Ngweithgaredd 13, Haenau Hylif.

Ffonio ffrind

Peidiwch â chymryd hyn yn llythrennol! Mae 'ffonio ffrind' yn rhan o'n geirfa erbyn hyn ac mae gan y rhan fwyaf o blant syniad am ei ystyr. Pan nad ydyn nhw'n siŵr am eu hateb, anogwch nhw i ofyn i rywun arall am help. Buan iawn y maen nhw'n arfer â'r syniad mai cydweithio yw gofyn am help, nid twyllo. Mae enghraifft o Ffonio Ffrind wedi'i hamlinellu yng Ngweithgaredd 7, Jariau Chwyrlïo.

Pasio'r parsel

Y plant, nid yr athro/athrawes, sy'n dewis pwy sy'n ateb gyda'r dull hwn.

- Gofynnwch gwestiwn i'r dosbarth neu rhowch wrthrych i'w ddisgrifio.
- Dewiswch blentyn i ymateb, ond peidiwch ag ymateb i'w ateb.
- Gofynnwch i'r plentyn hwnnw ddewis rhywun arall i ateb yr un cwestiwn, cynnig disgrifiad neu ateb cwestiwn newydd, o bosibl.
- Gwnewch yr un peth gyda'r ail blentyn.
- Casglwch syniadau ar fwrdd gwyn, siart troi neu lyfr llawr wrth iddyn nhw siarad.

Mae enghraifft o Basio'r Parsel i'w gweld yng Ngweithgaredd 4, Her Dan Fwgwd.

Beth yw hwn?

Mae'r gweithgaredd hwn yn annog plant i ddefnyddio'u synnwyr cyffwrdd wrth iddyn nhw geisio adnabod ffabrigau sydd wedi'u cuddio mewn Blwch Teimlo. Mae'r un ffabrigau wedi'u harddangos ar 'Wal Deimlo', a gall y plant eu defnyddio i gymharu wrth benderfynu beth maen nhw'n gallu ei deimlo yn y blwch.

 Cychwyn arni

- ☑ Casglwch ddetholiad o ffabrigau sy'n amrywio o ran gwead a thrwch. Pedwar neu bum darn mawr i blant iau, rhagor i blant hŷn neu fwy galluog.
- ☑ O bob sampl, torrwch 2 sgwâr o'r un maint i wneud dwy set unfath o ffabrigau.
- ☑ Cadwch un set ar gyfer y Blwch Teimlo a gludwch yr ail set ar ddarn caled o gardbord neu galedfwrdd i wneud 'Wal Deimlo'.

 Yn ogystal â chael amrywiaeth mor eang â phosibl o weadau, byddai'n syniad da dewis rhai ffabrigau sy'n teimlo'n debyg i'w gilydd er mwyn cynnig mwy o her.

Gadewch i'r plant gyffwrdd a theimlo'r Wal Deimlo mewn parau. Wedyn, gan aros eu tro, gall y plant archwilio a thrafod y ffabrig yn y Blwch Teimlo.

Ar ôl ychydig funudau, gofynnwch iddyn nhw a ydyn nhw'n gwybod pa ffabrig yn y blwch sydd yr un peth â'r ffabrig ar y wal, heb ei dynnu o'r blwch.

Gadewch i'r plant dynnu'r darn o ffabrig o'r blwch i'w gymharu â'r ffabrigau ar y wal.

Dechreuwch gydag un sampl, neu ddetholiad bach iawn o ffabrigau, yn y Blwch Teimlo. Os hoffech wneud y dasg yn anoddach, rhowch bob ffabrig yn y Blwch Teimlo neu ychwanegwch samplau nad ydyn nhw ar y wal.

Cwestiynau allweddol

Chwilio am dystiolaeth o feddwl a dysgu

Yn y gweithgaredd hwn, bydd plant yn cael y cyfle i:

- ✓ ddysgu am natur y defnyddiau
- ✓ defnyddio ac archwilio ystyr geirfa allweddol – **teimlo**, **cyffwrdd**, **gwead**, **synhwyrau**, **defnydd**, **ffabrig**, **tebyg**, **gwahanol**
- ✓ disgrifio nodweddion syml defnyddiau
- ✓ defnyddio meini prawf syml i ddidoli defnyddiau
- ✓ defnyddio eu synnwyr cyffwrdd i ddisgrifio'r hyn sy'n debyg ac yn wahanol
- ✓ defnyddio iaith i ddisgrifio a siarad am eu profiadau.

Gallen nhw wneud hyn drwy:

- ✓ ddefnyddio eu synnwyr cyffwrdd i archwilio, cymharu a chydweddu ffabrigau sydd wedi'u cuddio â'r ffabrigau ar y Wal Deimlo
- ✓ trafod eu syniadau gyda'i gilydd a'u hathro/hathrawes
- ✓ **cymharu a chyferbynnu** a/neu roi defnyddiau mewn gwahanol **grwpiau**.

Dylech weld tystiolaeth o'u meddwl a'u dysgu o ran:

- ✓ y ffordd maen nhw'n ymateb i gwestiynau
- ✓ y ffordd maen nhw'n siarad am y defnyddiau
- ✓ sut maen nhw'n **cymharu ac yn cyferbynnu** defnyddiau
- ✓ sut maen nhw'n **dosbarthu** ac yn rhoi ffabrigau mewn **grwpiau**
- ✓ sut maen nhw'n cymryd rhan yn y gweithgaredd
- ✓ faint maen nhw'n gallu ei wneud heb gymorth.

Peidiwch â rhagdybio nad yw'r plant yn gallu arsylwi'n dda iawn ar sail y ffaith nad ydyn nhw'n gallu cydweddu pob ffabrig. Os ydych chi wedi dewis amrywiaeth heriol o ffabrig, maen nhw'n debygol o fethu cydweddu rhai ohonyn nhw.

Beth fydd plant yn ei wneud a'i ddweud

Ymestyn y gweithgaredd

Bydd plant yn dysgu meddwl yn fwy gofalus am feini prawf a'r cysylltiad rhwng y ffabrigau drwy weithio mewn parau er mwyn rhoi'r ffabrigau mewn grwpiau. "Pam ydych chi wedi rhoi'r ffabrigau hyn gyda'i gilydd?" Gofynnwch iddyn nhw geisio rhoi rhesymau dros eu dewisiadau. Fel arall, gallwch bennu meini prawf a gofyn i'r plant, "Dewch o hyd i'r holl ffabrigau blewog ... yr holl ffabrigau disglair, yr holl ffabrigau sy'n ymestyn." Ydy'r plant i gyd yn gallu rhoi'r ffabrigau mewn grwpiau? A oes angen i chi ddangos y broses o ddosbarthu i rai o'r plant er mwyn eu helpu i ddatblygu?

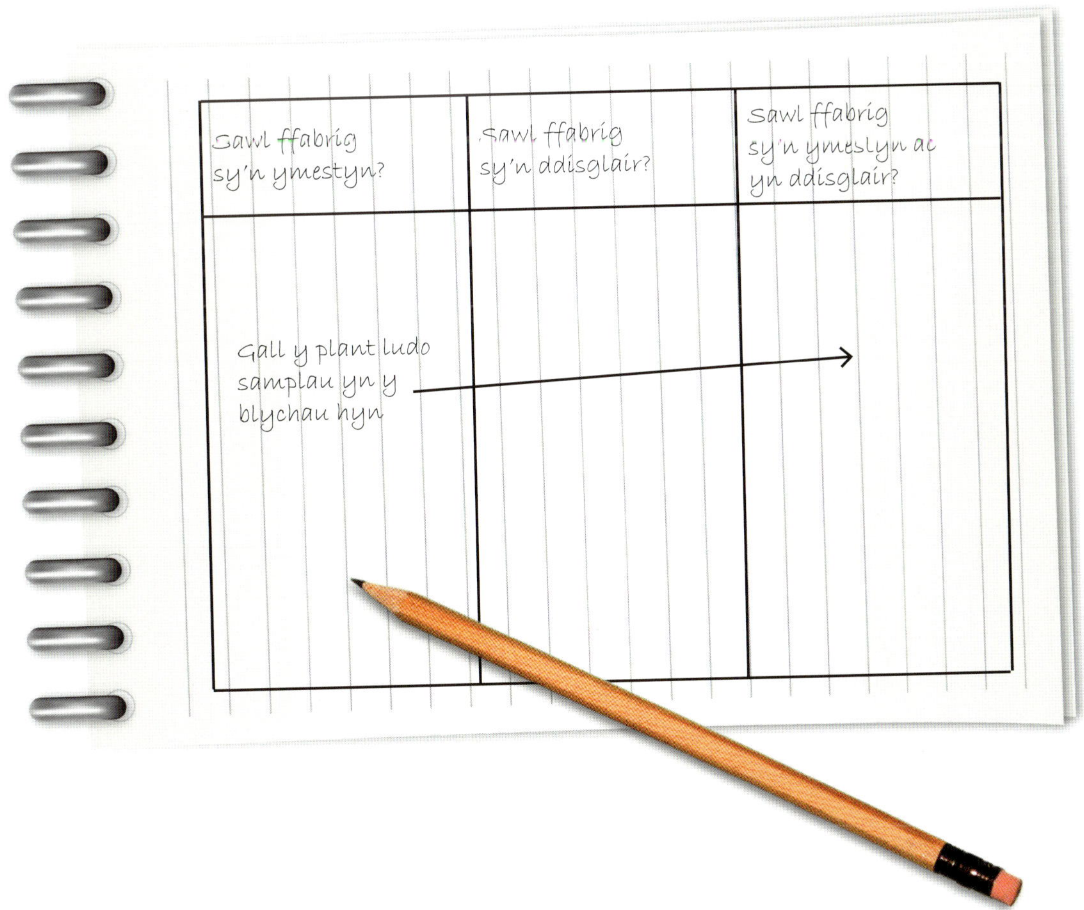

Cymharu a chyferbynnu

Ceisiwch annog y plant i gymharu ffabrigau yn fanylach drwy siarad gyda'i gilydd am drefnydd graffeg sy'n cymharu ac yn cyferbynnu. Atgoffwch nhw i feddwl am beth sydd yr un peth a beth sy'n wahanol. Er enghraifft, gallen nhw gymharu ffabrig gwlân trwchus a ffabrig tenau plastig o ran amsugnedd, tryloywder, cryfder, gwead, ac ati. Ydy rhai plant yn cynnig cymariaethau sylfaenol iawn? Pa eirfa allweddol allech chi ei defnyddio i'w helpu?

Arsylwi, rhagfynegi, arsylwi, egluro

Bydd y strategaeth hon yn eu helpu i feddwl yn fwy rhesymegol a chyfiawnhau eu dewisiadau. "Teimlwch y ffabrig yn y blwch. Fedrwch chi ddod o hyd i un tebyg ar y Wal Deimlo? Edrychwch ar y ffabrig i weld a ydych chi'n iawn. Fedrwch chi ddweud wrtha i sut gwnaethoch chi benderfynu?" Gall plentyn ymateb drwy ddweud, er enghraifft, "Dw i'n meddwl mai'r un pinc yma ydy e achos mae'n teimlo'n feddal ac ychydig yn anwastad fel tywel wrth i mi sychu fy nwylo. O! Ro'n i'n anghywir! Un glas ydy hwn. Mae'n llawn lympiau ac ychydig yn fwy garw." A yw rhai plant yn cael trafferth gyda'r broses hon? Ydy dangos y broses iddyn nhw yn eu helpu?

Symud o ddisgrifio i egluro

Ceisiwch annog y plant i ymhelaethu ar ddisgrifiadau syml drwy ofyn "Pam ydych yn meddwl hynny?" Er enghraifft, gall "Mae'n feddal" newid i "Dw i'n meddwl mai'r un blewog ydy e. Mae'n teimlo fel fy nghath." A yw pob plentyn yn teimlo'n gyfforddus wrth gyfiawnhau eu syniadau? A yw rhoi enghraifft iddyn nhw o ddefnyddio'r gair 'oherwydd' neu 'achos' yn eu helpu?

SWIGOD

Beth yw hwn?

Mae'r gweithgaredd hwn wrth fodd plant ac oedolion! Mae'n galluogi plant i edrych ar swigod aer yn teithio drwy wahanol hylifau. Maen nhw'n gweld sut mae hyn yn amrywio yn ôl pa mor drwchus (gludiog) yw'r hylif. Maen nhw'n cael eu hannog i geisio egluro'r hyn maen nhw'n ei weld.

Cychwyn arni

- ☐ Casglwch set o hylifau i'w cymharu, fel dŵr, syryp, hylif golchi llestri, swigod baddon ac olew olewydd. Meddyliwch am liw, tryloywder a sut mae'n rhedeg (gludedd).
- ☐ Llenwch set o bowlenni bychain gyda phob un o'r hylifau hyn, hyd at hanner ffordd.
- ☐ Casglwch set o diwbiau plastig/jariau sgriwdop. Rhai hir a thenau sydd orau. Mae poteli siampŵ tafladwy, ac ati (a ddefnyddir mewn lleoedd fel gwestai) yn gweithio'n dda iawn.
- ☐ Rhowch un hylif ym mhob tiwb neu jar unigol gan adael bwlch aer bychan ar y brig a fydd yn creu'r swigod pan fydd y tiwb neu'r jar â'i ben i lawr. Gallech fod eisiau gludo'r caeadau!

Cofiwch fod jariau gwydr yn beryglus os ydyn nhw'n torri. Atgoffwch y plant fod rhai hylifau yn beryglus iawn.

Rhowch gyfle i'r plant archwilio'r hylifau drwy eu troi yn y bowlenni. Gallen nhw deimlo sut mae'r hylifau'n wahanol a chael syniad am yr ymdrech sydd ei angen i droi'r hylif ym mhob powlen. Mae angen annog arsylwi da o'r dechrau. Dyma'r cam pan mae plant yn 'dysgu drwy eu bysedd'. Ceisiwch annog llawer o drafod.

Gadewch i bob grŵp archwilio un neu ddau o swigod bob tro gan wyro'r tiwbiau i fyny ac i lawr i weld y swigod yn teithio drwy'r hylif. Ymatebwch yn gadarnhaol pan maen nhw'n sylwi ar y swigod am y tro cyntaf i ehangu'r teimlad o gyffro – "Waw! Edrychwch ar hwnna! O ble ddaeth hwnna?" Gallwch ofyn i'r plant gynnal ras rhwng y swigod a'u rhestru yn ôl eu trefn neu eu rhoi mewn grwpiau cyflym ac araf.

Gofynnwyd i ddosbarth derbyn, "Pam ydych chi'n meddwl bod y swigod yn mynd yn gyflymach yn y dŵr o gymharu â'r syryp melyn?" Atebodd plentyn, "Pan oeddwn yn troi'r dŵr, roedd yn hawdd. Pan oeddwn yn troi'r syryp, roedd rhaid i mi wthio'n galed iawn. Felly, dw i'n meddwl bod rhaid i'r swigod wthio'n galed hefyd." – ymateb gwych. A fyddai hi wedi gallu rhoi eglurhad cystal ar ôl edrych ar y tiwbiau yn unig?

Cwestiynau allweddol

Yn y gweithgaredd hwn, bydd plant yn cael y cyfle i:

- ✓ ddysgu bod hylifau'n wahanol ac yn ymddwyn mewn gwahanol ffyrdd
- ✓ defnyddio ac archwilio ystyr geirfa allweddol – **hylif**, **tryloyw**, **trwch**, **pa mor rhedegog**, **swigod**, **arafach**, **cyflymach**
- ✓ disgrifio'r hyn sy'n debyg ac yn wahanol
- ✓ meddwl am beth allai ddigwydd cyn rhoi cynnig ar rywbeth
- ✓ deall sut mae gwyddoniaeth yn gysylltiedig â'u bywydau bob dydd
- ✓ grwpio a threfnu pethau drwy ddefnyddio nodweddion a phriodweddau syml a gweladwy.

Gallen nhw wneud hyn drwy:

- ✓ weld pa mor drwchus yw pob hylif a pha mor anodd yw ei droi
- ✓ ceisio rhagfynegi sut bydd gwahanol hylifau'n ymddwyn
- ✓ gwylio swigod aer yn symud drwy'r hylifau
- ✓ rasio'r swigod a **dilyniannu**'r hylifau
- ✓ **llunio rhestri**, **anodi lluniau** a **chymharu a chyferbynnu**.

Dylech weld tystiolaeth o'u meddwl a'u dysgu o ran:

- ✓ y ffordd maen nhw'n ymateb i gwestiynau
- ✓ pa mor hyderus y maen nhw'n **disgrifio**, **dosbarthu a dilyniannu** gwahanol hylifau
- ✓ y **rhestri** maen nhw'n eu gwneud am yr hylifau maen nhw'n eu hadnabod
- ✓ sut maen nhw'n egluro'r hyn maen nhw'n ei ragfynegi ac yn meddwl am beth ddigwyddodd
- ✓ beth maen nhw'n ei roi yn eu **lluniau wedi'u hanodi** a'u **trefnwyr graffeg sy'n cymharu a chyferbynnu**
- ✓ sut maen nhw'n cymryd rhan yn y gweithgaredd
- ✓ faint maen nhw'n gallu ei wneud heb gymorth.

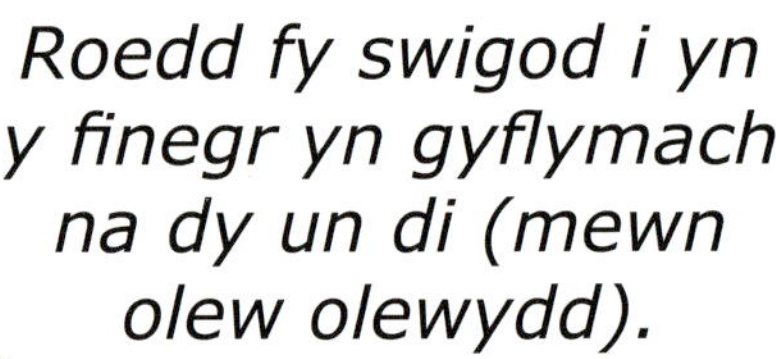

Roedd fy swigod i yn y finegr yn gyflymach na dy un di (mewn olew olewydd).

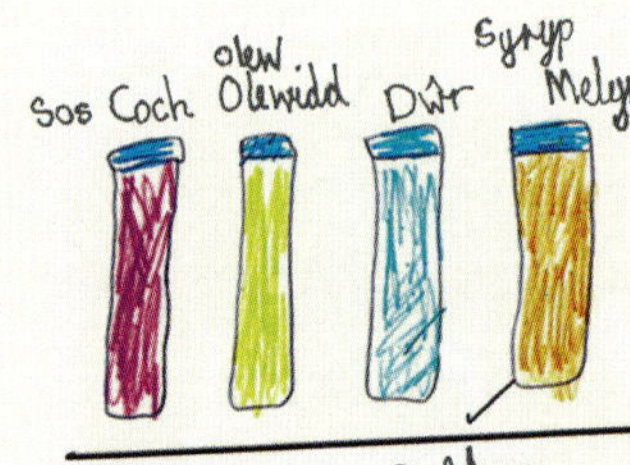

Dw i'n gallu gwneud i'r swigod stopio yn y canol.

Mae'r hylif golchi llestri hwn yn teimlo'r un peth â'r swigod baddon.

Gofynnwch i'r plant feddwl am yr holl hylifau maen nhw'n eu hadnabod. Ceisiwch eu hannog i feddwl am y rhai maen nhw wedi'u gweld y tu allan i'r ysgol yn ogystal â'r rhai yn yr ysgol. Gallen nhw dynnu llun neu ysgrifennu'r rhain eu hunain. Fel arall, gallwch weithio gyda grwpiau neu'r dosbarth cyfan i lunio rhestr a rennir gan y dosbarth. Ydyn nhw'n gallu meddwl am lawer o hylifau? A yw chwilio am fathau o hylifau mewn cylchgronau ac mewn mannau eraill yn eu helpu i feddwl am ragor o syniadau?

Cymharu a chyferbynnu

Mae defnyddio trefnydd graffeg i gymharu a chyferbynnu yn annog y plant i edrych ar yr hylifau'n fwy gofalus. "Fedrwch chi feddwl beth sy'n debyg ac yn wahanol am y ddau hylif hyn? Beth am y lliw, yr arogl, pa mor rhedegog ydyn nhw, pa mor gyflym mae'r swigod yn symud?" (Gweler hefyd rasys hylif.) Pa eirfa mae'r plant yn ei defnyddio? A yw defnyddio rhai geiriau allweddol, rhai go iawn a rhai dychmygol, yn helpu'r plant i ddatblygu eu syniadau?

Dosbarthu a grwpio / Dilyniannu

Mae canolbwyntio ar gyflymder y swigod yn y tiwbiau yn helpu'r plant i feithrin eu gallu i grwpio, dosbarthu a dilyniannu. "Pa hylifau sy'n debyg? Fedrwch chi eu rhoi mewn trefn o'r cyflymaf i'r un mwyaf araf?" A yw rhai plant yn ansicr ynghylch sut i grwpio neu roi pethau yn eu trefn? A yw treulio mwy o amser gyda nhw yn archwilio rhai hylifau ac yn dangos sut i'w dilyniannu yn eu helpu?

Arsylwi, rhagfynegi, arsylwi, egluro

Ydy'r plant yn gallu adeiladu ar beth maen nhw wedi'i ddysgu? Ceisiwch roi dau hylif newydd i'r plant i'w troi a gofynnwch iddyn nhw pa swigod fydd yn teithio gyflymaf yn eu barn nhw. "Nawr gwyliwch beth sy'n digwydd. Ai dyna oeddech chi'n meddwl a fyddai'n digwydd? Pam oedd hyn yn wahanol i beth oeddech chi wedi'i ddweud, yn eich barn chi?" A yw archwilio'r hylifau'n fanylach yn gwneud yr hyn maen nhw'n ei ragfynegi yn fwy dibynadwy?

Lluniau wedi'u hanodi

Mae gofyn i'r plant anodi eu lluniau yn aml yn datgelu hyd yn oed mwy am eu dealltwriaeth. "Dyna luniau hyfryd o'r hylifau, gadewch i ni geisio ychwanegu rhai geiriau." Gallen nhw enwi'r hylifau ac ychwanegu geiriau sy'n disgrifio fel trwchus, tenau, seimllyd, llithrig, trwm, ac ati. A oes unrhyw eiriau y mae rhai plant yn ansicr yn eu cylch? Ydyn nhw'n defnyddio'u geirfa mewn modd creadigol? A yw creu geiriau disgrifiadol ar gyfer un o'r hylifau yn helpu?

CORRYN/ PRY COP 3

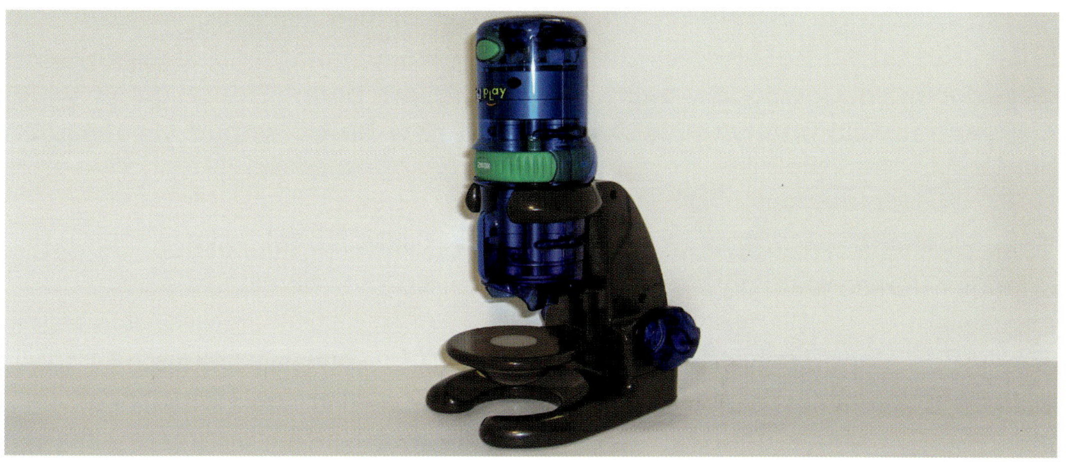

Beth yw hwn?

Mae microsgopau digidol ar gael yn eang mewn ysgolion cynradd. Maen nhw'n aml yn cuddio mewn cypyrddau neu'n cael eu defnyddio gyda phlant hŷn yn bennaf. Gall y rhain wella sgiliau arsylwi yn aruthrol, fel y mae'r astudiaeth achos ar y dudalen nesaf yn dangos.

Cychwyn arni

- ▣ Gosodwch feddalwedd y microsgop ar eich cyfrifiadur. Dylai'r microsgop wedyn ymateb wrth ei droi ymlaen.
- ▣ Edrychwch ar holl nodweddion y microsgop fel chwyddhad, cymryd ffotograffau neu fideos, dod â delweddau ynghyd, ac ati.
- ▣ Nodwch rai creaduriaid neu wrthrychau bach i edrych arnyn nhw.
- ▣ Sicrhewch fod plant yn sylweddoli mai anifeiliaid yw creaduriaid bach (anifeiliaid di-asgwrn cefn).

Os ydych yn defnyddio creaduriaid bach, cofiwch eu parchu a'u dychwelyd i'w cynefinoedd yn ddiogel. Peidiwch â'u gadael o dan olau'r microsgop am fwy nag ychydig funudau.

Astudiaeth achos:
Roedd dosbarth derbyn ar fin mynd ati i drin a thrafod 'Creaduriaid Bach'. Roedd eu hathrawes yn awyddus i wella eu sgiliau arsylwi mewn gwyddoniaeth. Casglodd y plant rai creaduriaid bach oddi ar dir yr ysgol a thynnu lluniau ohonyn nhw. Ni chawson nhw help i wneud y cofnodion hyn.

Tair wythnos yn ddiweddarach, defnyddiwyd y microsgop digidol i ddangos lluniau wedi'u chwyddo o greaduriaid byw ar fwrdd gwyn.

Gwyliodd y plant gorryn/pry cop wedi'i chwyddo'n fawr yn symud o amgylch y sgrin a buon nhw'n siarad am gwestiynau a ofynnodd yr athrawes a phlant eraill. Yn yr achos hwn, roedd yn amlwg bod y corryn/pry cop yn feichiog. Cafodd y plant eu hannog i edrych yn ofalus ar bob elfen o'r corryn/pry cop yn y llun wedi'i chwyddo.

Aeth y plant ati wedyn i roi cynnig pellach ar dynnu llun o'u creaduriaid bach gan gymharu eu lluniau blaenorol gyda'r rhai diweddaraf. Roedd eu lluniau erbyn hyn yn wahanol iawn i'w hymdrechion cynharach. Roedd y plant hefyd yn gallu gweld sut roedd eu lluniau wedi gwella.

Cwestiynau allweddol

Chwilio am dystiolaeth o feddwl a dysgu

Yn y gweithgaredd hwn, bydd plant yn cael y cyfle i:

- ✓ ddysgu am greaduriaid bach a nodi nodweddion pethau byw
- ✓ defnyddio ac archwilio ystyr geirfa allweddol – **creaduriaid bach**, **anifeiliaid, corynnod/pryfed cop, pryfed, pethau byw, rhannau'r corff**, e.e. **antena**, **pen**, ac ati
- ✓ dysgu am bwysigrwydd trin pethau byw gyda gofal
- ✓ edrych yn fanwl ar yr hyn sy'n debyg a'r hyn sy'n wahanol
- ✓ gofyn cwestiynau
- ✓ dysgu sut i ddod o hyd i wybodaeth
- ✓ ystyried eu gwaith a meddwl sut y gallen nhw ei wella.

Gallen nhw wneud hyn drwy:

- ✓ gasglu creaduriaid bach o'u hamgylchedd lleol ac arsylwi arnynt
- ✓ arsylwi ar lun o'r creadur bach wedi'i chwyddo
- ✓ defnyddio gwahanol adnoddau i ymchwilio i amrywiaeth o greaduriaid bach
- ✓ cymharu **lluniau** o'r creaduriaid bach a'u **hanodi**
- ✓ cwblhau'r **grid GESD** gyda chymorth os oes angen
- ✓ trafod datganiadau **cywir/anghywir/efallai**.

Dylech weld tystiolaeth o'u meddwl a'u dysgu o ran:

- ✓ y ffordd maen nhw'n ymateb i gwestiynau
- ✓ y gwahaniaeth rhwng y lluniau maen nhw'n eu tynnu ar y dechrau ac yn ddiweddarach
- ✓ y ffordd maen nhw'n **anodi** neu'n siarad am eu **lluniau**
- ✓ y syniadau maen nhw am eu rhoi ar y **grid GESD**
- ✓ sut maen nhw'n ymateb i'r datganiadau **cywir/anghywir/efallai**
- ✓ sut maen nhw'n cymryd rhan yn y gweithgareddau
- ✓ faint maen nhw'n gallu ei wneud heb gymorth.

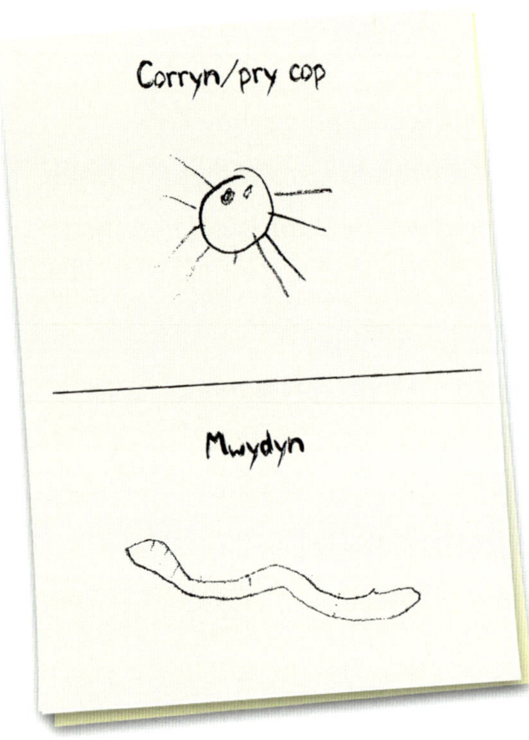

Lluniau cychwynnol Sara o gorryn/pry cop a mwydyn.

Mae'r corryn/pry cop hwn yn debycach i'r lluniau yn rhigymau meithrin *Little Miss Muffet* na'r hyn oedd i'w weld mewn gwirionedd.

Mae'r mwydyn fel selsig ond mae ei rannau wedi'u nodi ar ei hyd.

Tair wythnos yn ddiweddarach, mae Sara yn tynnu llun corryn/pry cop a mwydyn eto.

Mae gan y corryn/pry cop hwn 2 ran i'w gorff, 8 coes a chydwyr, 'teimlwyr', 8 llygad a sach wy.

Mae llun y mwydyn yn well hefyd. Mae ymdrech wedi cael ei wneud i nodi'r cyfrwy a'r blew anystwyth neu'r setae ar hyd y corff.

Mae'n ymddangos bod Sara hefyd wedi ceisio dangos sut mae corff y mwydyn yn teneuo'n sylweddol mewn rhai mannau wrth iddo symud.

 Ymestyn y gweithgaredd

Gallwch greu grid GESD a gall unigolion a grwpiau ei gwblhau wrth symud ymlaen trwy'r topig. Gall hyn annog plant i ofyn eu cwestiynau eu hunain. Yn yr astudiaeth achos hon, gofynnodd y plant gwestiynau roedden nhw am gael ateb iddyn nhw am gorynnod a dangosodd yr athrawes iddyn nhw sut i gael gwybod drwy ddefnyddio arddull llyfr mawr a chyfrifiadur. A yw rhai plant yn ansicr am sut i lunio cwestiynau a chanfod syniadau? A yw defnyddio patrymau dechrau cwestiynau fel "Tybed ble … ?", "Beth fyddai'n digwydd pe … ?" yn eu helpu?

Lluniau wedi'u hanodi

Gall plant wella eu harsylwadau a gofnodir yn sylweddol drwy eu hannog i ysgrifennu syniadau wrth ymyl eu lluniau. Mewn rhai achosion, efallai y bydd angen i chi wneud hyn drostyn nhw ar ôl cynnal trafodaeth. Mae'n gyfle i'r plant ddisgrifio rhannau o gorff y corryn/pry cop yn fanwl iawn. Dywedodd Lewis, "Miss, mae gan y corryn/pry cop goesau blewog fel fi!" A ydyn nhw'n ansicr am rai pethau? A yw edrych eto yn eu helpu?

Cywir/anghywir/efallai

Defnyddiwch ddatganiadau cywir/anghywir/efallai mewn trafodaethau rhwng parau ar y dechrau er mwyn i chi a'r plant weld faint maen nhw'n ei wybod am gorynnod/pryfed cop. Drwy wneud hyn ar y diwedd bydd gennych weithgaredd asesu cyflym. Er enghraifft, "Mae gan bob corryn/pry cop 6 choes." "Nid oes blew ar gorynnod." "Mae gan gorynnod goesau syth." A oes datganiadau sy'n eu synnu? A yw chwilio mewn llyfrau neu ar y cyfrifiadur yn eu helpu?

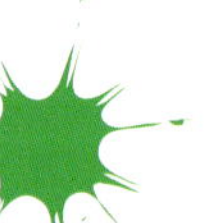

Sblat!

Yn y gweithgaredd hwn, mae'n rhaid i un plentyn o bob grŵp ddyfalu pa anifail – o restr ar y bwrdd – y mae'r athro/athrawes yn ei ddisgrifio. Pan maen nhw'n meddwl eu bod yn gwybod, maen nhw'n rhedeg at y gair ac yn rhoi eu llaw drosto. Mae'n rhaid iddyn nhw wedyn egluro pam maen nhw wedi dewis yr anifail hwn. A oes angen mwy o wybodaeth arnyn nhw i ddyfalu'n gywir?

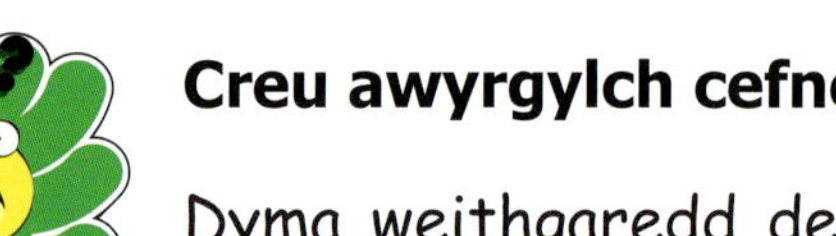

Creu awyrgylch cefnogol: Gofyn cwestiynau

Dyma weithgaredd delfrydol sy'n helpu plant i gefnogi ei gilydd wrth feithrin eu sgiliau holi. Gallwch ddweud "Siaradwch gyda'ch cyfaill am beth allwch chi ei weld. Faint o gwestiynau y gallwn ni feddwl amdanyn nhw? Beth am i ni weld faint ohonyn nhw y gallwn ni eu hateb nawr a pha rai y bydd angen i ni gael gwybod mwy amdanyn nhw yn nes ymlaen." Peidiwch â phoeni os na allwch ateb pob un o gwestiynau'r plant. Os oes modd, gadewch i'r plant geisio chwilio am yr atebion. Os oes cwestiynau nad oes modd eu hateb, rhowch y rhain ar fwrdd cwestiynau er mwyn eu hymchwilio'n ddiweddarach. Peidiwch â honni eich bod yn gwybod yr ateb os nad ydych yn siŵr!

HER DAN FWGWD

Beth yw hwn?

Dyma weithgaredd syml sy'n annog plant i feddwl, siarad a chwerthin. Mae hefyd yn eu hannog i ddefnyddio synhwyrau, ar wahân i weld, wrth arsylwi. Bydd y gweithgaredd hwn yn codi ymwybyddiaeth plant am sut rydyn ni'n defnyddio pob un o'n synhwyrau ac yn dibynnu arnyn nhw. Mae'r gwirfoddolwr a'r gynulleidfa yn rhyfeddu gweld pa mor gyflym y gellir adnabod gwrthrych os nad oes modd ei weld.

Mae un plentyn yn gwisgo mwgwd ac yn gorfod dyfalu beth sy'n cael ei roi yn ei ddwylo heb gael unrhyw gymorth gan blant eraill.

Cychwyn arni

☐ Casglwch enghreifftiau o wrthrychau diddorol fel:

Tedi meddal   Bar o sebon   Sliper
Blwch o bensiliau   Brwsh gwallt caled
Tiwb o Smarties gyda'r naill ben a'r llall wedi'u cau

☐ Dewch o hyd i fygydau – bydd sgarffiau neu ddillad meddal yn iawn. Gwnewch yn siŵr eu bod yn lân.

 Mae mygydau yn codi ofn ar rai plant. Bydd angen i chi benderfynu sut i fynd i'r afael â hyn ymlaen llaw. Gall gadael iddyn nhw wylio plant eraill yn gyntaf fod o gymorth.

Mewn grŵp bach, gofynnwch i un plentyn wirfoddoli i wisgo mwgwd. Mae sgarff wlanog yn addas fel arfer. Mae'r gwirfoddolwr yn eistedd ac yn ymestyn ei ddwylo o'i flaen yn aros am y gwrthrych cudd. Mae angen i'r gynulleidfa ymwrthod â'r demtasiwn i roi awgrymiadau i'r gwirfoddolwr.

Mae'r plentyn yn teimlo'r gwrthrych am ychydig eiliadau cyn rhoi cynnig ar ddyfalu beth ydyw. Anogir y plentyn i arogli yn ogystal â theimlo er mwyn ei helpu i benderfynu. Cyn iddyn nhw ddweud beth yw'r gwrthrych yn eu barn nhw, ceisiwch eu hannog i ddweud sut mae'n teimlo, yn swnio ac yn arogli.

Mae plant yn aml yn sylweddoli beth yw'r gwrthrych cyn gynted ag y mae yn eu dwylo. Mae hyn yn synnu'r disgyblion eraill yn fawr ac mae'n arwain at drafodaeth fywiog am sbecian a thwyllo. Mae gwerth y synhwyrau eraill yn dod i'r amlwg hefyd. Gellir adnabod tiwb o Smarties drwy ei gyffwrdd fel arfer, ond mae plant hefyd yn dweud eu bod yn adnabod y sŵn wrth ysgwyd y tiwb.

Gall plant mwy aeddfed chwarae'r gêm hon mewn parau neu grwpiau bach cyn rhannu eu syniadau gyda gweddill y dosbarth am yr hyn oedd yn anodd neu'n hawdd ei adnabod, a pham. DS Gellir chwarae'r gêm hefyd mewn trefn wahanol lle mae'r plant yn disgrifio gwrthrych i ddisgybl sy'n gwisgo mwgwd.

Cwestiynau allweddol

Chwilio am dystiolaeth o feddwl a dysgu

Yn y gweithgaredd hwn, bydd plant yn cael y cyfle i:

- ✓ ddysgu am bwysigrwydd eu synhwyrau a sut i'w defnyddio'n effeithiol
- ✓ defnyddio ac archwilio ystyr geirfa allweddol – **synhwyrau, cyffwrdd, teimlo, golwg, gweld, arogl, sŵn, clywed, tebyg, gwahanol, gwead**
- ✓ archwilio ac adnabod gwrthrychau drwy gyffwrdd, arogli a chlywed
- ✓ defnyddio profiadau bob dydd mewn sefyllfaoedd newydd
- ✓ canfod yr hyn sy'n debyg ac yn wahanol
- ✓ gwrando ar syniadau ei gilydd a'u gwerthfawrogi.

Gallen nhw wneud hyn drwy:

- ✓ wylio ei gilydd yn ceisio adnabod gwrthrychau heb allu eu gweld
- ✓ ceisio adnabod y gwrthrychau eu hunain
- ✓ chwarae'r gêm **cardiau brawddegau**
- ✓ defnyddio **trefnydd graffeg perthynas i bob rhan** i ystyried pwysigrwydd eu synhwyrau.

Dylech weld tystiolaeth o'u meddwl a'u dysgu o ran:

- ✓ y ffordd maen nhw'n ymateb i gwestiynau
- ✓ y geiriau maen nhw'n eu defnyddio i ddisgrifio'r gwrthrychau
- ✓ eu gallu i gydosod **cardiau brawddegau** gyda neu heb gymorth
- ✓ beth maen nhw'n eu rhoi yn y **trefnydd graffeg** am y synhwyrau
- ✓ sut maen nhw'n cymryd rhan yn y gweithgaredd
- ✓ faint maen nhw'n gallu ei wneud heb gymorth.

Dw i'n meddwl mai tedi yw hwn oherwydd dw i'n gallu teimlo ei freichiau a'i goesau meddal.

Mae'n teimlo'n llyfn ac mae'n arogli ... Sebon yw hwn!

Www! Mae'n teimlo'n galed ac yn bigog ... fel draenog.

Crëwch frawddegau cyn torri eu dechrau a'u diwedd. Mae'r plant yn cael eu herio i feddwl pa rannau sy'n mynd gyda'i gilydd. Gallen nhw gael hwyl wrth eu cymysgu a siarad am y problemau a allai godi pe byddai, er enghraifft, tedi yn drwm, yn galed, yn anystwyth ac yn bigog. Gall dysgwyr mwy hyderus ddechrau gyda dechreuadau brawddegau a meddwl am ffyrdd o'u gorffen gyda, neu heb, rai o'r geiriau allweddol ar y cardiau. A yw pob plentyn yn hyderus am eu syniadau? A yw hyn yn eu helpu i fwrw golwg manylach ar y gwrthrychau?

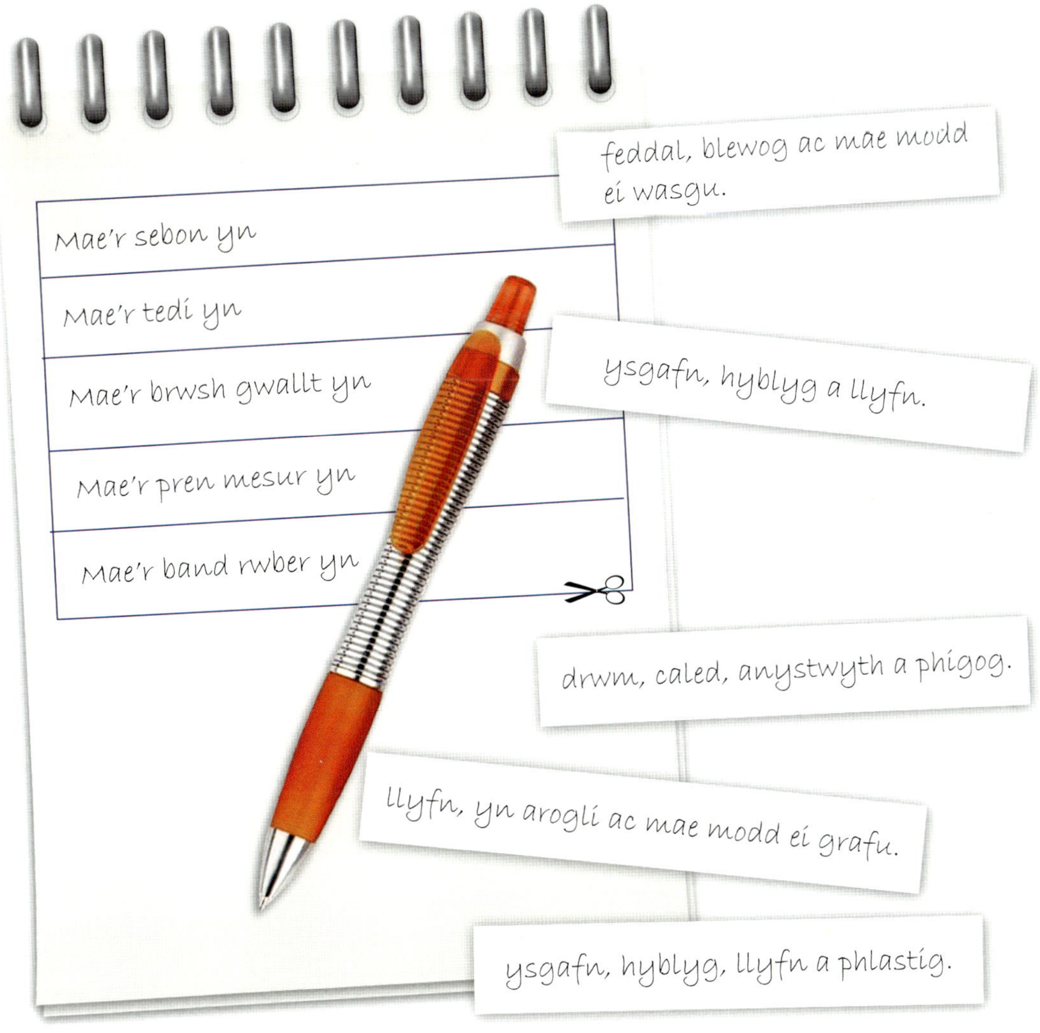

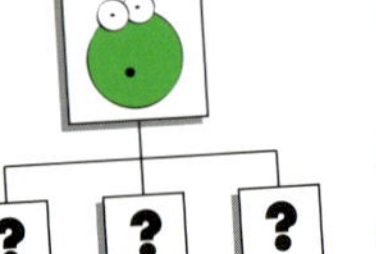

Trefnydd graffeg i bob rhan

Helpwch y plant i ddeall rhagor am eu synhwyrau drwy ddefnyddio trefnydd graffeg syml i gasglu eu syniadau. "Beth yw ein synhwyrau? Sut mae pob un yn ein helpu? Sut byddai colli un o'r synhwyrau yn effeithio arnom?" Defnyddiwch y drafodaeth i feddwl sut mae pobl ddall neu fyddar yn gallu byw yn ddiogel ac yn llwyddiannus. A hoffen nhw gael gwybod am unrhyw beth arall? A yw cwrdd â rhywun sydd â nam ar eu golwg neu glyw, neu chwilio am lyfrau ar y we, o gymorth?

Creu awyrgylch cefnogol: Amser meddwl ac Asesu gan gyfoedion

Dyma weithgaredd delfrydol i ddangos sut gallwch helpu plant i ddeall gwerth treulio amser yn meddwl am syniadau eu cyfoedion ac ymateb yn gadarnhaol iddyn nhw. Byddai'n rhwydd iddyn nhw ddweud wrth eu cyd-ddisgybl beth yw'r ateb cyn i'r plentyn gael y cyfle i feddwl. Pa un a ydyn nhw'n gweithio gyda chi neu ar eu pen eu hunain, bydd annog plant i dreulio amser yn meddwl am y gwrthrych yn eu helpu i werthfawrogi syniadau ei gilydd. Mae ymateb yn gadarnhaol i'r syniadau a gyflwynir yn bwysig er mwyn helpu pob plentyn i deimlo bod eu syniadau yn werthfawr.

Creu awyrgylch cefnogol: Pasio'r parsel

Mae hwn hefyd yn weithgaredd delfrydol i ddangos sut gall pasio'r parsel annog plant i rannu eu syniadau. Pan mae'r plant wedi archwilio amrywiaeth o wrthrychau cyffredin, rhowch bob gwrthrych o'r neilltu. Gofynnwch i un plentyn ddychmygu'r gwrthrych, pîn-afal er enghraifft, a meddwl am eiriau i'w ddisgrifio gan ddefnyddio pob un o'r synhwyrau.

Wedyn, mae'r plentyn yn dewis disgybl arall ac yn gofyn iddo/iddi a ydyw'n cytuno â'r ansoddeiriau a ddefnyddiwyd ac a hoffen nhw ddefnyddio unrhyw eiriau ychwanegol i ddisgrifio'r pîn-afal. Gellir gofyn i'r plant eraill hefyd gymryd rhan a chasglu'r holl syniadau ar fwrdd gwyn, siart troi neu lyfr llawr.

Gallwch wedyn basio'r gwrthrych o gwmpas i weld pa mor gywir mae eu geiriau'n disgrifio'r gwrthrych go iawn. Pa eiriau yr hoffen nhw eu hychwanegu nawr?

Beth yw hwn?

Pan ofynnir i blant dynnu llun o rywbeth, maen nhw'n aml yn tynnu llun o beth maen nhw'n ei feddwl sydd yno, yn hytrach na'r hyn sydd o'u blaen. Os gallwn ni eu hannog i edrych yn ofalus ar yr hyn maen nhw'n ei weld, bydd eu canlyniadau'n llawer gwell.

Yn y gweithgaredd hwn, gofynnir i blant ifanc edrych yn ofalus ar wyneb partner a thynnu llun ohono. Mae'r plant sy'n cymryd rhan yn cael eu syfrdanu gan faint mae eu gwaith yn gwella ar ôl edrych yn ofalus. Dywedodd Daniel, "Wyddwn i ddim fy mod i'n gallu tynnu lluniau!"

Cychwyn arni

- Casglwch ddefnyddiau ar gyfer tynnu llun.
- Crëwch, neu dewch o hyd i, rai ffenestri gwylio – ffenestri bach, siâp petryal sy'n galluogi'r defnyddiwr i ganolbwyntio ar yr hyn sydd i'w weld drwy'r darn sydd wedi'i dorri.
- Gallai drychau fod o ddefnydd hefyd.

Cymerwch ofal wrth ddefnyddio drychau gwydr. Mae rhai plastig ar gael er na fyddan nhw'n rhoi delwedd o'r un safon, o bosibl.

Astudiaeth achos:
Yn y dosbarth hwn, gofynnwyd i'r plant weithio mewn parau a thynnu lluniau o'i gilydd – ychydig o arweiniad cychwynnol a roddwyd.

Ar ôl 10 munud, casglodd yr athrawes y gwaith cyn galw un o'r bechgyn i sefyll o flaen y dosbarth. Gofynnodd i'r dosbarth edrych yn ofalus iawn ar ei nodweddion a'u hannog i ganolbwyntio ar siâp y llygaid, safle'r clustiau, gwead y gwallt, ac ati.

Aeth y parau ati wedyn i dynnu llun arall o'i gilydd. Wedi hynny, roedden nhw'n gallu cymharu'r braslun cyntaf â'r ail a siarad am sut roedd y lluniau wedi gwella.

Dros y 10 diwrnod nesaf, defnyddiodd y plant ffenestri gwylio hefyd a oedd yn eu galluogi i ganolbwyntio ar un nodwedd ar y tro, fel y llygad neu'r geg. Rhoddwyd cynnig ar drydydd llun a llun terfynol cyn i'r plant gael y cyfle i adolygu eu gwaith yn gyffredinol.

Gallwch annog plant i feddwl drwy gymharu lluniau ohonyn nhw eu hunain a gweld beth maen nhw'n ei weld yn y drych.

Cwestiynau allweddol

Chwilio am dystiolaeth o feddwl a dysgu

Yn y gweithgaredd hwn, bydd plant yn cael y cyfle i:

- ✓ ddysgu sut i adnabod a chymharu'r hyn sy'n debyg ac yn wahanol rhyngddyn nhw a'r disgyblion eraill yn y dosbarth
- ✓ defnyddio ac archwilio ystyr geirfa allweddol – **manylder**, **arsylwi**, **wyneb**, **trwyn**, **llygaid**, **aeliau**, **ffroenau**
- ✓ arsylwi'n ofalus a chanolbwyntio ar fanylion
- ✓ cyfathrebu eu harsylwadau drwy dynnu lluniau syml
- ✓ myfyrio ar eu gwaith a cheisio ei wella
- ✓ parchu ei gilydd.

Gallen nhw wneud hyn drwy:

- ✓ dreulio amser yn gwylio disgybl arall yn ofalus a chofnodi eu harsylwadau drwy siarad a thynnu llun
- ✓ edrych ar eu hwynebau eu hunain, eu cymharu â'r lluniau o'u hwynebau a siarad am sut y gellir gwella eu gwaith a gwaith eu cyd-ddisgyblion
- ✓ **anodi** eu **lluniau**
- ✓ ymateb i ddatganiadau **cywir/anghywir/efallai**.

Dylech weld tystiolaeth o'u meddwl a'u dysgu o ran:

- ✓ y ffordd maen nhw'n ymateb i gwestiynau
- ✓ sut maen nhw'n siarad am eu lluniau a lluniau eu cyd-ddisgyblion
- ✓ sut mae eu lluniau yn gwella yn ystod y gweithgaredd
- ✓ sut maen nhw'n **anodi** eu **lluniau** o wynebau
- ✓ eu hatebion yn y gêm **cywir/anghywir/efallai**
- ✓ sut maen nhw'n cymryd rhan yn y gweithgaredd
- ✓ faint maen nhw'n gallu ei wneud heb gymorth.

"Mae gwallt Carly yn gyrliog iawn … yn wahanol i fy ngwallt i."

"Mae aeliau wedi'u gwneud o flew bach!"

"Mae pen uchaf fy nghlustiau mor uchel â fy aeliau!"

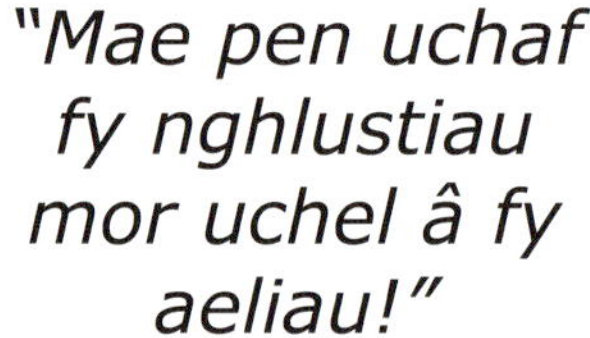

Mae'r ffenestr wylio wedi'i defnyddio yma i annog y plentyn i ganolbwyntio ar lygaid, gwefusau, trwyn a chlustiau ei phartner.

Ar ôl gwneud hyn, aeth y plentyn ati i wneud y braslun terfynol.

Bydd plant yn datblygu'n sylweddol o ran eu harsylwadau cofnodedig os ydyn nhw'n cael eu hannog i ysgrifennu gwybodaeth ychwanegol wrth ymyl eu lluniau. Gallwch wneud hyn ar eu rhan mewn rhai achosion ar ôl cynnal trafodaeth. Yn yr enghraifft, disgrifiodd y plant sut roedd eu gwaith wedi gwella ar ôl treulio amser yn arsylwi eu partner yn ofalus.

Athrawes: "Edrychwch ar eich llun yn ofalus. Dewiswch rai pethau yn y llun sy'n bwysig a dywedwch wrthyf i (neu eich partner) amdanyn nhw. Dw i wedi dechrau rhai brawddegau ar eich rhan i'ch helpu chi."

Cywir/anghywir/efallai

Gwnewch hyn yn gyflym ar ddiwedd y sesiwn i helpu plant i feddwl am yr hyn sy'n debyg ac yn wahanol ac i weld pa mor dda maen nhw'n gallu sylwi arnyn nhw. Gallen nhw ymateb drwy godi cardiau sy'n dweud cywir/anghywir/efallai neu gwir/anwir/mae'n dibynnu. Fel arall, gall gofyn iddyn nhw roi eu bawd i fyny, rhoi eu bawd i lawr neu roi eu bawd ar draws fod yn ffordd gyflym o weld a ydyn nhw'n deall.

Mae gan bawb yn y dosbarth wallt golau.
Mae gan bob wyneb … 2 lygad / 2 glust / 1 pâr o aeliau …
Mae gan y rhan fwyaf o'r bobl yn y dosbarth wallt brown.

Dw i wedi gweld bod y rhan fwyaf o blant yn gallu gwneud hyn yn hyderus. A oes unrhyw un yn cael trafferth? A yw treulio mwy o amser yn edrych ar wynebau a siarad amdanyn nhw o gymorth?

Y Gadair Boeth

Gofynnwch i blentyn eistedd yn y gadair boeth. Mae'r gwirfoddolwr yn dewis wyneb o gyfres o ffotograffau lliw, neu luniau wedi'u paentio, o wynebau enwog yr ydych wedi'u casglu a'u harddangos. Fel arall, gofynnwch iddyn nhw feddwl am aelod o'r dosbarth. Rhaid i blant eraill ddyfalu pwy yw'r unigolyn mae'r plentyn yn meddwl amdano cyn gynted ag y bo modd. Gall y plant ofyn cwestiynau, ond ni all y gwirfoddolwr roi unrhyw atebion ar wahân i 'cywir' neu 'anghywir'. Gall y disgyblion ofyn "Ai merch yw'r unigolyn dan sylw?" "Oes ganddi wallt du?" "Oes ganddi lygaid glas?" "Oes ganddi frychni?" Os ydych yn defnyddio rhai o ddisgyblion y dosbarth, cymerwch ofal wrth arwain y gweithgaredd er mwyn gwneud yn siŵr nad yw'r cwestiynau a ofynnir yn sarhaus.

Creu awyrgylch cefnogol: Asesu gan gyfoedion

Mae'r gweithgaredd hwn yn gyfle gwych i annog plant i feddwl am syniadau ei gilydd a'u gwerthfawrogi.

Crëwch oriel sy'n cynnwys y lluniau cychwynnol a'r rhai dilynol. Mae plant yn edrych ar luniau ei gilydd ac yn siarad am sut mae gwaith eu cyd-ddisgyblion wedi gwella. Maen nhw, neu rydych chi, yn ysgrifennu'r rhain ar nodiadau post-it a'u glynu wrth ymyl y lluniau i dynnu sylw at lwyddiant ei gilydd. A yw'r plant yn gallu cyfrannu? A yw cronfa frawddegau yn eu helpu?

6

GADEWCH FI'N RHYDD!

Beth yw hwn?

Mae plant yn mynd i'r afael â gwrthrych sydd wedi'i lapio mewn ffoil yn y gweithgaredd cyffrous hwn. Maen nhw'n cael eu hannog i feddwl am beth allai fod y tu mewn. Maen nhw'n trafod y posibiliadau gyda'i gilydd a'r athro/athrawes. Ar ôl ei agor, maen nhw'n canfod mai ffigur bach, fel cymeriad Lego® sydd yno wedi'i gau mewn blocyn o rew! Sut gallen nhw ei helpu i ddianc o'i garchar o rew?

Gallech hyd yn oed droi hyn yn adroddiad newyddion a rhagolygon y tywydd gyda dynion gofod yn cyrraedd y Ddaear mewn cenllysg enfawr!

Cychwyn arni

- ☐ Rhowch ychydig bach o ddŵr mewn pot iogwrt neu rywbeth tebyg a rhowch y cymeriad plastig y tu mewn. Rhowch hwn yn y rhewgell. Defnyddiwch gymeriadau Siôn Corn adeg y Nadolig!
- ☐ Ar ôl ei rewi, ychwanegwch ddŵr a'i rewi eto fel bod y cymeriad y tu mewn i'r rhew yn hytrach nag yn arnofio yn y rhan uchaf.
- ☐ Lapiwch y rhew mewn ffoil.
- ☐ Casglwch bowlenni ac unrhyw adnoddau eraill y gallen nhw ofyn amdanyn nhw i geisio rhyddhau'r cymeriad, fel morthwylion bach.

Cymerwch ofal os yw'r plant yn ceisio taro'r cymeriad allan o'r rhew â morthwyl. Gall rhew a morthwylion fynd i bobman!

Gadewch i'r plant afael yn eu parseli ffoil eu hunain; gall rhannu arwain at ddagrau! Gellir cyflwyno geirfa wyddonol i'r drafodaeth yn eithaf naturiol. Buan iawn y maen nhw'n sylwi bod y gwrthrych yn oer a bod eu dwylo yn dechrau mynd yn wlyb. Ydyn nhw'n gwybod pam? Ydy hyn yn awgrymu beth sydd y tu mewn?

Gallwch ofyn iddyn nhw daro'r parsel ffoil ar y bwrdd er mwyn iddyn nhw weld ei fod yn galed – gallwch ofyn iddyn nhw a ydyw'n gallu plygu neu ymestyn. Dw i'n cael llawer o hwyl yn rhoi'r parsel o rew ger fy nghlust, dweud wrth y plant am fod yn dawel a chymryd arnaf fy mod yn gallu clywed llais y tu mewn yn gweiddi "Gadewch fi'n rhydd!".

Ar ôl iddyn nhw ddadorchuddio'r rhew ac ar ôl i'r plant dawelu, gallwch ddechrau mynd ati i ddatrys y broblem. Sut gallen nhw gael yr unigolyn bach o'r blocyn rhew? Byddan nhw'n awgrymu defnyddio dannedd neu forthwylion yn y lle cyntaf, yn ôl pob tebyg! Gadewch i'r plant archwilio'n ofalus gynifer o'u syniadau eu hunain â phosibl cyn i chi ychwanegu unrhyw syniadau.

DS Mae darparu powlenni o ddŵr gweddol gynnes neu ddal y blocyn o dan dap sy'n rhedeg yn ymdoddi'r rhew yn gyflym iawn.

Cwestiynau allweddol

Yn y gweithgaredd hwn, bydd plant yn cael y cyfle i:

- ✓ ddysgu am briodweddau dŵr a'i fod yn rhewi ac yn ymdoddi
- ✓ defnyddio ac archwilio ystyr geirfa allweddol – **rhew**, **ymdoddi**, **rhewi**, **dadmer**, **dŵr**, **hylif**, **solid**
- ✓ rhagfynegi ar sail eu profiadau bob dydd
- ✓ datrys problemau
- ✓ cynnal ymchwiliadau a chymharu'r hyn a ddigwyddodd â'r hyn roedden nhw'n ei ddisgwyl
- ✓ cyfathrebu eu syniadau drwy ysgrifennu neu ddrama.

Gallen nhw wneud hyn drwy:

- ✓ chwarae gyda'r parsel rhew a meddwl am beth allai fod ynddo
- ✓ archwilio gwahanol ffyrdd o gael yr unigolyn allan o'r rhew
- ✓ **cymharu** gwahanol ffyrdd o ymdoddi'r rhew a chreu **dilyniant o luniau** o'r rhew yn ymdoddi a'r unigolyn yn dianc
- ✓ **creu stori** am y bobl yn dianc o'r rhew.

Dylech weld tystiolaeth o'u meddwl a'u dysgu o ran:

- ✓ y ffordd maen nhw'n ymateb i gwestiynau
- ✓ yr iaith maen nhw'n ei defnyddio i ddisgrifio eu harsylwadau
- ✓ y syniadau maen nhw'n rhoi cynnig arnyn nhw a'u disgrifiad nhw o beth sy'n digwydd
- ✓ eu **cymariaethau** rhwng y ffyrdd o helpu'r unigolyn i ddianc
- ✓ y **dilyniant o luniau** o'r rhew yn ymdoddi
- ✓ beth maen nhw'n ei gynnwys yn eu **storïau** neu eu dramâu
- ✓ sut maen nhw'n cymryd rhan yn y gweithgaredd
- ✓ faint maen nhw'n gallu ei wneud heb gymorth.

Beth fydd plant yn ei wneud a'i ddweud

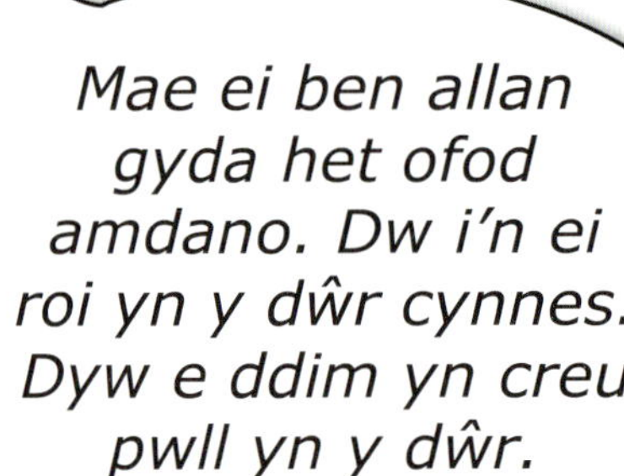

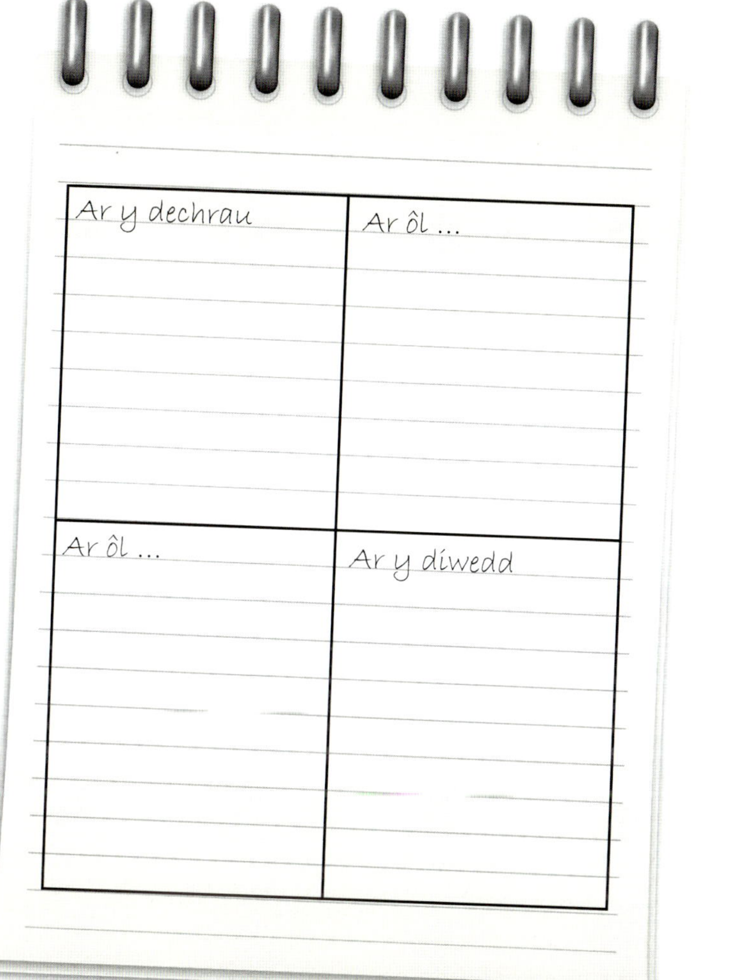

Wedi i'r plant archwilio nifer o syniadau am helpu'r unigolyn i ddianc, gallwch roi un arall iddyn nhw i'w arsylwi'n fwy gofalus. Gallen nhw ddewis pa un fydd y ffordd gyflymaf o ryddhau'r unigolyn yn eu barn nhw, e.e. mewn powlen o ddŵr cynnes neu wedi'i osod ar silff ffenestr. Maen nhw'n cofnodi'r hyn sy'n digwydd drwy gyfres o luniau neu ffotograffau gan ddangos faint o rew sydd wedi ymdoddi ar ôl 5 munud, 15 munud, ac yn y blaen. Gall hyn gymryd peth amser yn ôl ble mae'n cael ei roi. A gafodd y plant eu synnu gan unrhyw beth a ddigwyddodd? A oes cwestiynau newydd i'w hateb?

Ymestyn y gweithgaredd (parhad)

Cymharu a chyferbynnu

Mae plant yn cael hwyl ac yn cael eu herio wrth gymharu a chyferbynnu posibiliadau gwahanol ar gyfer ymdoddi'r rhew, fel ei roi mewn dŵr oer neu ddŵr cynnes, ar reiddiadur neu mewn lle oer a thywyll, mewn oergell neu ei adael yn yr ystafell, ac ati. Gallen nhw dynnu lluniau i ddangos y gwahaniaethau. A oes cwestiynau newydd i'w hateb?

Creu stori

Mae 'Gadewch Fi'n Rhydd!' yn cynnig amrywiaeth o storïau posibl. Efallai fod yr unigolion bach wedi teithio i'r Ddaear drwy'r gofod yn eu rocedi rhew? Efallai y cawson nhw eu dal mewn storm ac wedi disgyn i'r ddaear mewn cenllysg enfawr?

Anogwch y plant i actio'r daith i'r Ddaear gan ddefnyddio synau a symudiadau priodol. Gallen nhw hefyd ystyried, ar ôl iddyn nhw gael eu rhyddhau o'u rocedi rhew, a yw'r dynion gofod yn bwyta'r un bwyd â phobl ar y Ddaear? Beth allen nhw ei fwyta ar y Ddaear? Rhowch gyfle i'r plant greu storïau drwy dynnu lluniau neu ysgrifennu.

Ydych chi'n gallu cofnodi a gwylio'r dramâu? Ydyn nhw'n rhoi syniadau ychwanegol i'r plant i'w hychwanegu at eu storïau?

Creu awyrgylch cefnogol: Paru, rhannu, cymharu

Dyma gyfle gwych i helpu plant i ddysgu am rannu syniadau. Wedi iddyn nhw archwilio sut i helpu eu hunigolyn i ddianc, anogwch nhw i weithio gyda phartner i rannu beth ddigwyddodd. Pa ddulliau oedd yn llwyddiannus a pha rai na wnaeth weithio cystal a pham? Wedyn, dywedwch wrth y pâr hwn i ymuno â phâr arall. Ydyn nhw'n gallu rhestru'r holl ffyrdd a gynorthwyodd yr unigolyn i ddianc? Gallwch ddod â'r rhain ynghyd a'u defnyddio fel ffordd o archwilio rhai pethau'n fwy gofalus.

JARIAU CHWYRLÏO

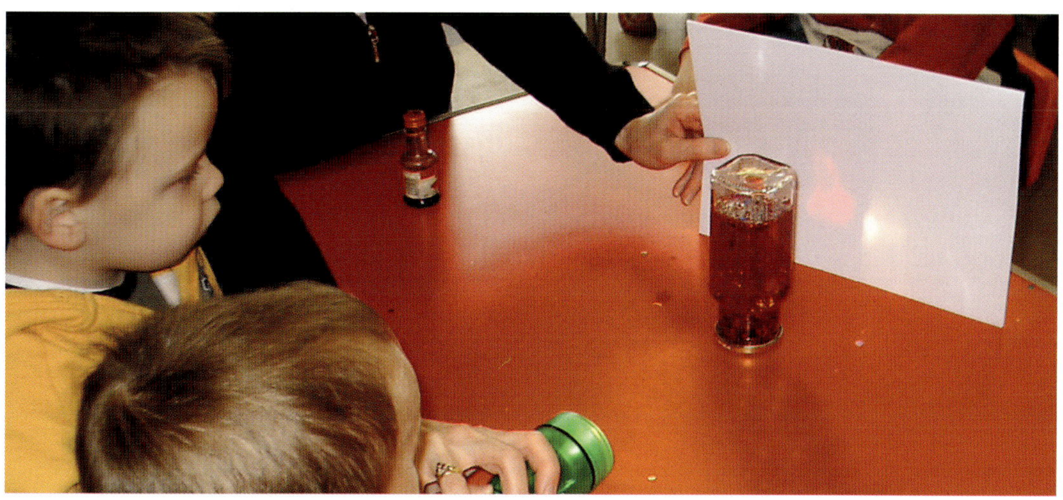

7

▌ Beth yw hwn?

Mae'r gweithgaredd hwn yn dynwared y cromenni eira neu'r cromenni chwyrlïo, sy'n boblogaidd ers y cyfnod Fictoraidd, ac sy'n cynnwys gwrthrychau mewn storm eira yn chwyrlïo. Mae'r gweithgaredd difyr hwn yn annog plant i siarad am olau, cysgodion a defnyddiau. Gall arwain yn naturiol at blant yn troi ac yn chwyrlïo mewn gwersi addysg gorfforol fel y darnau o ddefnyddiau sy'n chwyrlïo yn y jariau.

▌ Cychwyn arni

- ▫ Casglwch ddetholiad o gynwysyddion tryloyw gyda chaeadau arnyn nhw.
- ▫ Casglwch ddarnau bach o ffoil, gliter, conffeti bwrdd, ac ati (yr hyn sy'n chwyrlïo).
- ▫ Dewiswch liwiadau bwyd.
- ▫ Dewch o hyd i dortshys a gwiriwch fod y goleuadau'n llachar.
- ▫ Casglwch bapurau gwyn i'w defnyddio fel sgriniau bach.

Mae jariau gwydr ag ochrau llyfn yn rhoi gwell cysgodion yn y gweithgaredd hwn ond gallen nhw fod yn beryglus os bydden nhw'n torri.

Gadewch i'r plant ddewis jar o blith y rhai sydd ar gael a'i lenwi gyda dŵr. Gallech ofyn iddyn nhw roi'r caead arno nes iddyn nhw benderfynu beth i'w ychwanegu.

Rhowch amser i'r plant archwilio'r darnau gliter llachar i benderfynu pa rai yr hoffen nhw eu hychwanegu at y jar. Anogwch nhw i edrych yn ofalus wrth ychwanegu'r gliter. Gorau po leiaf yn y gweithgaredd hwn – mae ychydig o ffoil a gliter yn rhoi canlyniadau llawer mwy eglur na llu o bethau llachar!

Gadewch iddyn nhw roi cynnig gyda dŵr clir yn y jariau yn gyntaf. Fel cam olaf, bydd mymryn o liwiad bwyd yn bywiogi'r cymysgedd ... ac mae eu Jariau Chwyrlïo'n barod i'w defnyddio!

Rhowch amser i'r plant fwynhau troi eu jariau yn ôl ac ymlaen dro ar ôl tro i weld y darnau llachar yn symud. Cymharwch y symudiadau sy'n cael eu hachosi drwy ysgwyd y jar llawer, ei ysgwyd ychydig, a throi'r jar ryw fymryn.

Fflachiwch dortsh drwy'r hylif sy'n symud a gadewch i'r cysgodion a'r lliwiau ymddangos ar ddarn o bapur gwyn neu sgrin y tu ôl i'r jar. Cymharwch wahanol jariau. Bydd hyn yn rhyfeddu'r plant.

Cwestiynau allweddol

Chwilio am dystiolaeth o feddwl a dysgu

Yn y gweithgaredd hwn, bydd plant yn cael y cyfle i:

- ✓ ddysgu am gysgodion a sut maen nhw'n cael eu creu
- ✓ defnyddio ac archwilio ystyr geirfa allweddol – **hylif**, **patrymau**, **cysgodion**, **golau**, **symud**, **newid**
- ✓ creu ac archwilio gwrthrych a'i arsylwi'n ofalus
- ✓ archwilio ffenomenau a chwilio am batrymau a newidiadau
- ✓ disgrifio, trafod a chofnodi'r hyn maen nhw'n ei weld
- ✓ bod yn ymwybodol o achos ac effaith
- ✓ cynnig esboniadau.

Gallen nhw wneud hyn drwy:

- ✓ ddewis y cynhwysion a gwneud eu Jar Chwyrlio eu hunain
- ✓ canfod ffyrdd o newid symudiadau'r darnau chwyrlio yn y jariau a'u cysgodion
- ✓ fflachio'r golau drwy wahanol Jariau Chwyrlio a defnyddio'r tortsh i greu cysgodion
- ✓ **cymharu** Jariau Chwyrlio ac **anodi lluniau** ohonyn nhw
- ✓ **paratoi cyfarwyddiadau** ar sut i wneud Jar Chwyrlio.

Dylech weld tystiolaeth o'u meddwl a'u dysgu o ran:

- ✓ y ffordd maen nhw'n ymateb i gwestiynau
- ✓ beth maen nhw'n ei weld
- ✓ beth maen nhw'n ei wneud i newid symudiad y darnau chwyrlio a'r cysgodion
- ✓ sut maen nhw'n **anodi** neu'n siarad am eu **lluniau**
- ✓ y syniadau maen nhw am eu cynnwys yn y **trefnydd graffeg**
- ✓ y **gyfres o gyfarwyddiadau** maen nhw'n eu creu a sut maen nhw'n siarad amdanyn nhw
- ✓ sut maen nhw'n cymryd rhan yn y gweithgaredd
- ✓ faint maen nhw'n gallu ei wneud heb gymorth.

Beth fydd plant yn ei wneud a'i ddweud

Ymestyn y gweithgaredd

Gyda chymorth, gall plant ifanc adolygu'r hyn maen nhw wedi'i ddysgu drwy drafod neu baratoi cyfres o gyfarwyddiadau ar gyfer gwneud Jar Chwyrlïo. Gellir torri'r cyfarwyddiadau'n stribedi. Gall y plant weithio ar eu pen eu hunain neu, os oes modd, mewn grŵp bach i'w rhoi yn y dilyniant cywir. Gall mwy nag un dilyniant fod yn briodol yn y gweithgaredd hwn.

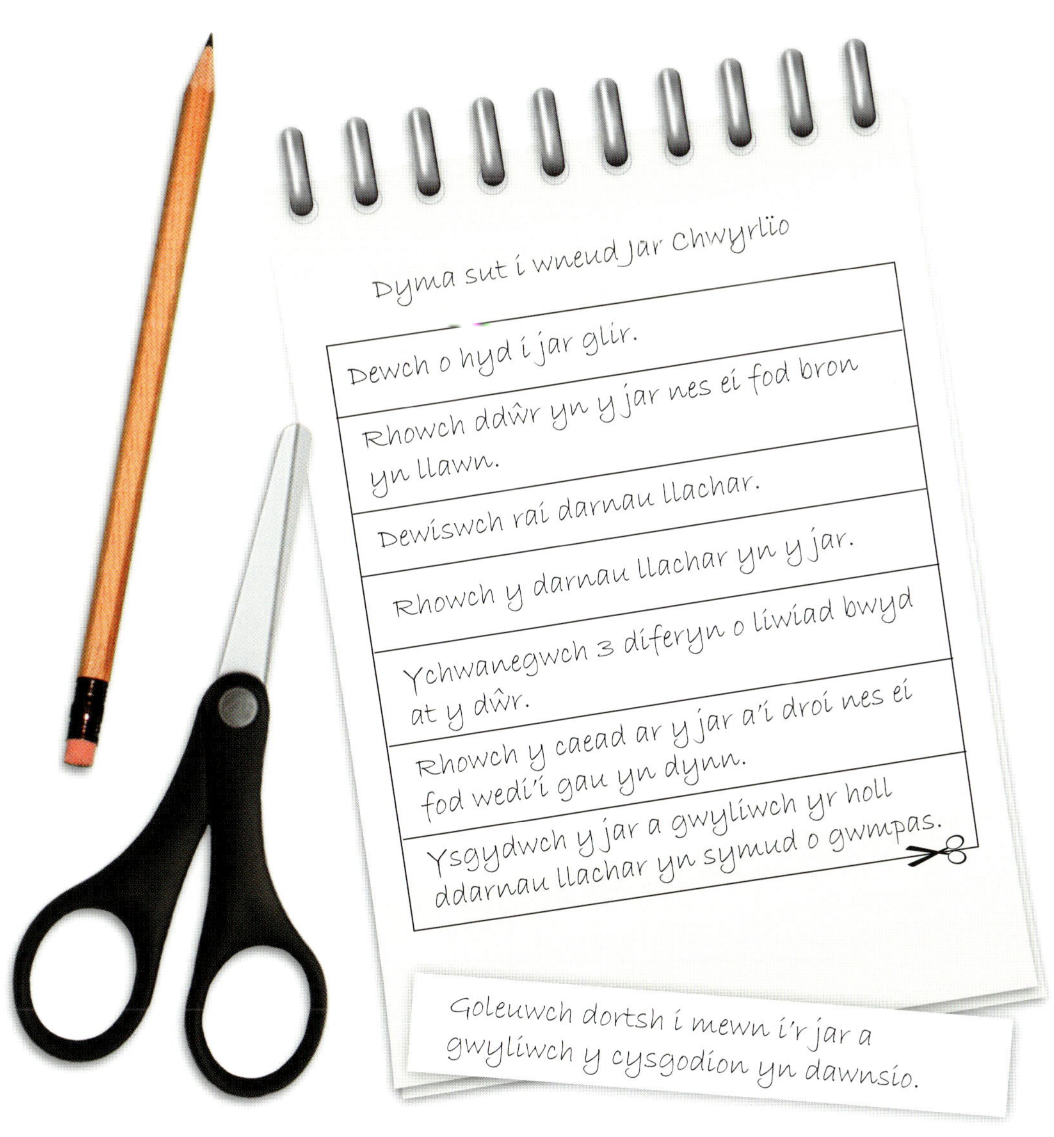

Cymharu a chyferbynnu

Anogwch y plant i arsylwi'n fwy gofalus a siarad am eu syniadau drwy gael parau o blant i gymharu a chyferbynnu eu Jar Chwyrlïo â jariau eu cyd-ddisgyblion. Gallech ddefnyddio trefnydd graffeg i'w helpu i edrych ar wahaniaethau o ran lliw, siâp y jar, sut mae'r darnau yn symud y tu mewn, pa fath o gysgodion sy'n cael eu creu, ac ati. A ellir rhoi cynnig ar syniadau neu archwiliadau newydd?

Lluniau wedi'u hanodi

Anogwch y plant i edrych yn fwy gofalus drwy eu cael i dynnu lluniau o'r hyn y gwnaethon nhw ei weld wrth chwarae gyda'u Jariau Chwyrlïo. Gallwch ychwanegu sylwadau i anodi'r lluniau ar eu rhan. Efallai y bydd rhai o'r plant hŷn yn gallu anodi eu lluniau eu hunain i ddisgrifio beth welon nhw y tu mewn i'r Jar Chwyrlïo ar ôl ei ysgwyd neu ar ôl fflachio golau arno. Pa mor hyderus y maen nhw'n gallu anodi eu lluniau? A yw archwilio eu jariau chwyrlïo yn eu helpu nhw i ddatblygu'r iaith maen nhw'n ei defnyddio.

Creu awyrgylch cefnogol: Ffonio ffrind

Dyma gyfle gwych i weld sut gallwch helpu plant i fod yn fwy hyderus wrth ateb cwestiynau drwy ffonio ffrind. Gofynnwch i un o'r plant gofio'r holl gamau a gymerwyd i wneud eu jar chwyrlïo yn y drefn gywir. Fel arall, gofynnwch i rywun arall enwi deg eitem sydd ganddyn nhw yn eu cartref a fyddai'n disgleirio (fel y darnau o ddeunyddiau sy'n chwyrlïo). A ydyn nhw'n cael trafferth neu'n methu meddwl am syniadau? Gallen nhw gael cymorth cyd-ddisgybl cyfeillgar drwy ffonio ffrind – hynny yw, dewis rhywun arall i'w helpu i ateb y cwestiwn.

Beth yw hwn?

Mae Ffyn Mapiau yn seiliedig ar syniad Cynfrodorion Awstralia o ffyn teithiau. Gellir eu defnyddio i gynorthwyo gwaith map mewn daearyddiaeth. Mewn gwyddoniaeth, mae Ffon Fap yn annog sgiliau arsylwi, gwybodaeth am gynefinoedd ac yn hyrwyddo siarad a gwrando.

Mae'r plant yn defnyddio brigau, ffyn lolipop neu ddarnau o hoelbrennau i gofnodi canfyddiadau diddorol wrth iddyn nhw chwilio am amrywiaeth o gynefinoedd mewn ardal neu arsylwi planhigion, creaduriaid neu ddefnyddiau o ddiddordeb.

Cychwyn arni

- ☑ Casglwch ddarnau o ffyn lolipop, hoelbrennau neu frigau.
- ☑ Casglwch rywfaint o wlân neu labeli gludiog lliw i'w defnyddio ar y ffyn.
- ☑ Dewch o hyd i ardal yn yr awyr agored lle gall plant sylwi ar blanhigion ac anifeiliaid. Mae llawer o feysydd chwarae yn amgylcheddau cyfoethocach nag y byddech yn ei ddisgwyl.

Cymerwch gipolwg ar bolisi gwaith awyr agored yr ysgol. Dywedwch wrth y plant am beidio â rhoi eu bysedd yn eu cegau a gwnewch yn siŵr eu bod yn golchi eu dwylo ar ddiwedd y gweithgaredd. Bydd hyn yn addysgu arferion da i'r plant pan fyddan nhw'n chwarae yn yr awyr agored.

Sut i'w ddefnyddio?

Gallwch ddefnyddio'r strategaeth mewn sawl ffordd. Mae grwpiau o blant yn archwilio ardal benodol gydag oedolyn ac yn nodi unrhyw eitem o ddiddordeb drwy wneud cofnod ar eu Ffon Fap. Gall rhai plant weithio'n dda mewn parau.

Mae sticeri neu edafedd bach a lliwgar yn cael eu cysylltu â'r ffon lolipop neu frigyn. Mae pob lliw yn cynrychioli rhywbeth y mae'r plentyn wedi'i weld sydd o ddiddordeb iddo. Os yw'n briodol, gellir clymu neu lynu gwrthrychau fel blodau, dail neu gerrig bach ar y ffon. Gadewch i'r plant wneud cymaint â phosibl ar eu pen eu hunain.

Ar ôl cwblhau'r Ffon Fap, gall y plant ei defnyddio fel cymorth cof yn ystod ymarfer siarad a gwrando.

Mae modd arddangos llwybr syml o amgylch tir yr ysgol ar y wal gan ddefnyddio ffotograffau o leoedd pwysig. Gall plant ddechrau a gorffen eu harchwiliad ar unrhyw adeg.

Cwestiynau allweddol

Chwilio am dystiolaeth o feddwl a dysgu

Yn y gweithgaredd hwn, bydd plant yn cael y cyfle i:

- ✓ ddysgu am nodweddion pethau byw yn eu hamgylchedd lleol
- ✓ defnyddio ac archwilio ystyr geirfa allweddol – **amgylchedd**, **naturiol**, **byw**, **marw**, **lliw**, **planhigyn**, **anifail**, **blodyn**, **deilen**, **brigyn**
- ✓ adnabod yr hyn sy'n debyg ac yn wahanol
- ✓ meddwl am ffyrdd o gofnodi eu syniadau'n drefnus
- ✓ defnyddio iaith i ail-greu profiadau
- ✓ meddwl am eu diogelwch eu hunain.

Gallen nhw wneud hyn drwy:

- ✓ archwilio llwybr ar dir yr ysgol a chofnodi eu harsylwadau ar Ffon Fap
- ✓ siarad am eu taith gyda chymorth y Ffon Fap
- ✓ **cymharu** eu Ffyn Map a **llunio rhestri** o'r hyn maen nhw wedi'i weld
- ✓ trafod a chreu datganiadau **cywir/anghywir/efallai**.

Dylech weld tystiolaeth o'u meddwl a'u dysgu o ran:

- ✓ sut maen nhw'n ymateb i gwestiynau
- ✓ beth maen nhw'n penderfynu ei roi ar eu Ffyn Mapiau
- ✓ y ffordd maen nhw'n siarad am yr hyn maen nhw wedi'i weld
- ✓ yr hyn sydd ar y **rhestri** maen nhw wedi'u paratoi
- ✓ sut maen nhw'n **cymharu**, **cyferbynnu** ac yn **anodi** Ffyn Mapiau
- ✓ sut maen nhw'n creu ac yn ymateb i osodiadau **cywir/anghywir/efallai**
- ✓ sut maen nhw'n cymryd rhan yn y gweithgareddau
- ✓ faint maen nhw'n gallu ei wneud heb gymorth.

Beth fydd plant yn ei wneud a'i ddweud

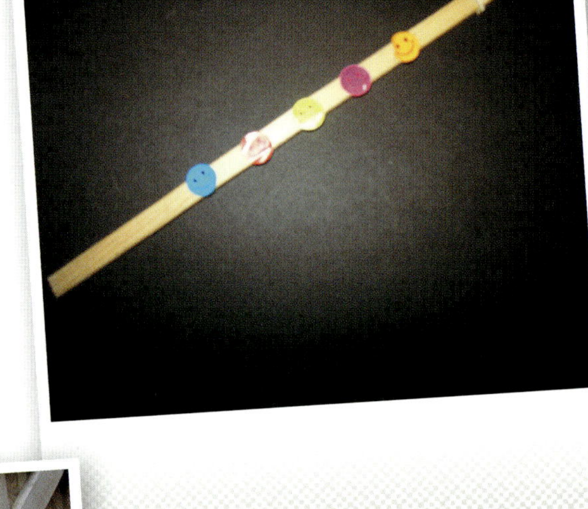

"Aeth Sarah at y pwll ac fe es i i ardal y babanod."

"Daeth Sarah o hyd i lawer mwy o bethau byw nag y gwnes i, ond fe wnes i ddod o hyd i lawer o fagiau creision llachar."

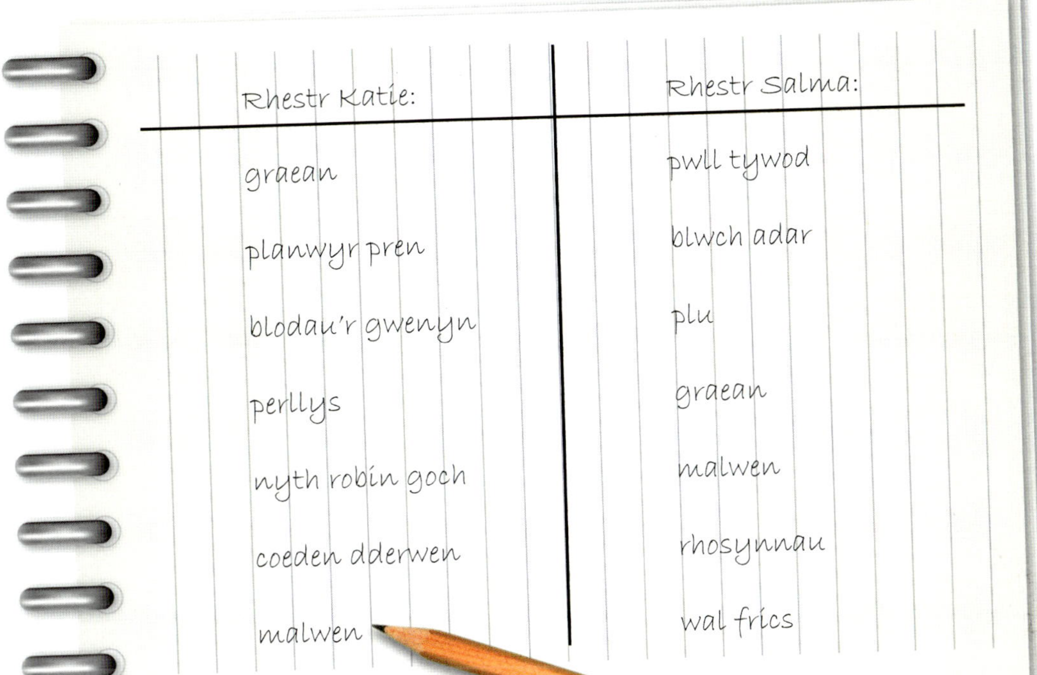

Gan ddefnyddio'r strategaeth Partneriaid siarad, gofynnwch i'r plant gymharu eu rhestr ag un o'u cyd-ddisgyblion. Dywedwch wrthyn nhw am nodi'r gwahaniaethau yn y planhigion, yr anifeiliaid, y defnyddiau, ac ati y daethon nhw o hyd iddyn nhw. A ydyn nhw'n gallu dod o hyd i 1 neu 2 o bethau sydd yr un peth yn ogystal ag 1 neu 2 o bethau sy'n wahanol ym mhob llwybr? A ydyn nhw'n ansicr am beth maen nhw wedi'i weld? A yw mynd allan i gael cipolwg arall o gymorth?

Llunio rhestr

Gan ddefnyddio'r Ffon Fap fel cymorth cof, gall y plant restru'r holl blanhigion, anifeiliaid neu ddefnyddiau y gwnaethon nhw eu gweld ar eu llwybr penodol. Gallen nhw ddefnyddio geiriau a lluniau i wneud hyn. Anogwch nhw i ychwanegu manylion fel beth ydyw (os ydyn nhw'n gwybod), ble cawson nhw hyd iddo neu unrhyw fanylion eraill y gallen nhw eu cofio. A ydyn nhw'n gallu cofio eu taith? A yw mynd allan i gael cipolwg arall o gymorth?

Lluniau wedi'u hanodi

Fel arall, gellir glynu'r ffon ar ddarn o gerdyn ac ychwanegu anodiadau (geiriau a lluniau) o amgylch y ffon neu ychwanegu labeli gwybodaeth at y ffon ei hun. Hoffen nhw fynd allan i gael cipolwg arall i gofio sut oedd pethau'n edrych?

Cywir/anghywir/efallai

Trwy ddefnyddio'r gweithgaredd hwn, gall plant ateb cwestiynau gwir/anwir fel "Fe ddaethon ni o hyd i bob creadur bach ar ddail". "Y maes chwarae oedd y lle gorau i ddod o hyd i foch coed/gwrachod lludw (*woodlice*)." A oedd rhai datganiadau yn y eu synnu? A yw gwneud rhagor o ymchwil yn eu helpu i ganfod rhagor?

Yn olaf, heriwch bob pâr i lunio gosodiad ar gyfer gweddill y dosbarth.

Creu awyrgylch cefnogol: Paru, rhannu, cymharu

Mae'r strategaeth cywir/anghywir/efallai yn rhoi cyfle gwych i ddefnyddio'r dull paru, rhannu a chymharu i gynorthwyo plant i ddeall yr amgylchedd o'u cwmpas yn well.

Beth yw hwn?

Yn fy mhrofiad i, mae plant wrth eu bodd yn trafod rhew ond nid ydynt yn cael llawer o gyfle i archwilio darnau mawr ohono. Yn ystod y gweithgaredd hwn, maen nhw'n gweithio gyda chiwbiau enfawr o rew wedi'u gwneud mewn tybiau margarin neu hufen iâ.

Maen nhw'n gweld bod hyd yn oed dŵr claear neu oer yn gallu ymdoddi twll drwy floc o rew mewn amser byr iawn. Gallai'r gweithgaredd hwn fod yn un gwerthfawr ar ôl cynnal **Gweithgaredd 6, Gadewch Fi'n Rhydd!**

Cychwyn arni

- ☐ Llenwch gynwysyddion mawr â dŵr a'u rhoi yn y rhewgell. Gallen nhw gymryd sawl diwrnod i'w rhewi.
- ☐ Casglwch ddysglau neu bowlenni golchi llestri i ddal y ciwbiau rhew wrth iddyn nhw ymdoddi.
- ☐ Casglwch rai jygiau dŵr neu ganiau dŵr.
- ☐ Gofalwch fod halen ar gael i'r rhai sydd eisiau rhoi cynnig arno.

Mae blociau mawr o rew yn drwm. Gwnewch yn siŵr nad ydyn nhw'n disgyn ar fysedd traed bychain – efallai drwy eistedd ar y llawr i wneud y gweithgaredd. Cofiwch – gall rhew sy'n dod yn syth o'r rhewgell lynu at y croen. Peidiwch â gadael i'r plant daro'r rhew â theclynnau miniog.

Sut i'w ddefnyddio?

Rhowch y rhannau mawr o rew i'r plant a gadewch ddigon o amser iddyn nhw edrych ac astudio'r rhew yn gyntaf. Wedyn, gallech fod eisiau rhoi'r rhew yn ôl yn y rhewgell wrth i chi drafod y cam nesaf.

Heriwch y plant i wneud twll crwn neu ffenestr yn y rhew er mwyn edrych trwyddo. Gallech ddangos un rydych eisoes wedi'i wneud a gofyn iddyn nhw sut y gwnaethoch hyn. Gallech eu cynorthwyo drwy ddweud eich bod wedi defnyddio dŵr.

Gadewch i'r plant siarad gyda phartner cyn trafod eu syniadau gyda grŵp mwy neu'r dosbarth cyfan. Gall rhai plant gynnig syniadau gwahanol fel rhwbio'r rhew neu ychwanegu halen. Mae'n ddefnyddiol gadael iddyn nhw archwilio'r syniadau hyn hefyd, os yw'n ddiogel gwneud hynny.

Gall y plant weithio ar eu pen eu hunain, neu gyda chi, a defnyddio jwg blastig i dywallt/arllwys dŵr dros eu rhew. Gallen nhw gyfrif nifer y jygiau a ddefnyddir. Gallen nhw hefyd weld a yw tymheredd y dŵr yn gwneud gwahaniaeth. Anogwch nhw i arsylwi beth sy'n digwydd ar ôl tywallt/arllwys pob jwg. Mae'r tyllau gorau'n cael eu creu os yw'r plant yn parhau i dywallt/arllwys y dŵr ar yr un man. Bydd y plant yn mwynhau archwilio hyn eu hunain. Buan iawn y bydd twll yn ymddangos. Mae'r plant yn mwynhau sbecian ar ei gilydd drwy'r twll yn fawr iawn.

Mae gosod eu ffenestri rhew ar silff ffenestr yn rhoi adnodd hynod atyniadol, yn enwedig ar ddiwrnod braf. Gall rhagfynegi, yna amseru, pa mor hir y mae'n cymryd i'r bloc ymdoddi'n llwyr hybu'r plant i feddwl a thrafod.

Cwestiynau allweddol

Chwilio am dystiolaeth o feddwl a dysgu

Yn y gweithgaredd hwn, bydd plant yn cael y cyfle i:

- ✓ ddysgu am briodweddau dŵr a sut mae'n newid o fod yn solid i hylif
- ✓ defnyddio ac archwilio ystyr geirfa allweddol – **hylif**, **dŵr**, **rhew**, **rhewi**, **ymdoddi**, **poeth**, **oer**
- ✓ dechrau cynnig syniadau am sut i ddatrys problem benodol
- ✓ rhoi cynnig ar eu syniadau
- ✓ defnyddio profiad uniongyrchol i ateb cwestiynau
- ✓ cymharu beth ddigwyddodd gyda'r hyn roedden nhw'n ei ddisgwyl.

Gallen nhw wneud hyn drwy:

- ✓ archwilio darnau enfawr o rew
- ✓ siarad am sut i wneud twll yn y rhew a rhoi cynnig ar syniadau
- ✓ trafod sut mae gwahanol ffactorau yn effeithio ar sut mae rhew yn ymdoddi
- ✓ rhagyfynegi faint o amser sydd ei angen i ymdoddi'r rhew mewn gwahanol sefyllfaoedd
- ✓ rhoi ffotograffau o rew yn ymdoddi mewn **dilyniant** neu **anodi** eu **lluniau**.

Dylech weld tystiolaeth o'u meddwl a'u dysgu o ran:

- ✓ sut maen nhw'n ymateb i gwestiynau
- ✓ eu hawgrymiadau am sut i wneud twll yn y rhew
- ✓ sut maen nhw'n rhoi cynnig ar eu syniadau
- ✓ beth maen nhw'n ei ddweud am y rhew yn ymdoddi
- ✓ sut maen nhw'n rhoi'r ffotograffau mewn **dilyniant** neu'n **anodi** eu **lluniau** o rew yn ymdoddi
- ✓ sut maen nhw'n cymryd rhan yn y gweithgaredd
- ✓ faint maen nhw'n gallu ei wneud heb gymorth.

Peidiwch â phoeni os nad yw'r plant yn llwyddo i wneud twll yn y rhew os ydyn nhw wedi archwilio eu syniadau eu hunain yn effeithiol iawn, gan fod hyn yn dangos eu bod yn meddwl ac yn dysgu.

"Mae'r dŵr yn gwneud twll yn fy mloc o rew!"

"Dw i'n gallu gweld drwy'r twll a dw i'n gallu gweld drwy rai rhannau o'r rhew hefyd."

Ar ddechrau'r gweithgaredd hwn, neu ar y diwedd, gallwch roi cyfres o ffotograffau i'r plant sy'n dangos darn mawr o rew yn ymdoddi. Gallen nhw drafod y camau a siarad am beth sy'n gwneud i'r rhew ymdoddi. A oes unrhyw gwestiynau yr hoffen nhw eu hateb ar ôl meddwl am rew yn ymdoddi?

Gwyliodd rhai plant ddarn mawr iawn o rew yn ymdoddi y tu allan ar ddiwrnod poeth a heulog. Fedrwch chi ddangos beth ddigwyddodd drwy roi'r lluniau yn y drefn gywir?

	Ar y dechrau
	Ar ôl 10 munud
	Ar ôl 20 munud
	Ar ôl 30 munud
	Ar ôl 60 munud

Lluniau wedi'u hanodi

Gofynnwch iddyn nhw baratoi cyfres o luniau sy'n dangos beth fydd yn digwydd i ddarn o rew yn eu barn nhw os yw'n cael ei dynnu o'r rhewgell a'i adael mewn dysgl am rai oriau.

Anogwch nhw i ychwanegu sylwadau at eu llun ar eu pen eu hunain, gyda phartner neu gyda chymorth oedolyn. Gallen nhw gymharu hyn â'u harsylwadau. A wnaeth unrhyw beth eu synnu ac a fydd angen iddyn nhw archwilio rhagor o rew i gael atebion i'w cwestiynau?

Matiau meddwl

Mae'r plant yn tynnu llun neu'n ysgrifennu ar eu mat yr hyn maen nhw'n ei wybod am rew. Wrth ddod ynghyd mewn grŵp bach, gellir cyfuno eu syniadau i greu consensws syml o'r hyn maen nhw'n ei wybod rhyngddyn nhw. Gall grwpiau fynd ati wedyn i gymharu syniadau. A oes gan wahanol blant neu grwpiau wahanol syniadau am rew? Gallech ddefnyddio'r rhain yn gwestiynau i'w hateb. A ydyn nhw'n ansicr ynghylch unrhyw beth? Beth fyddai'r ffordd orau o gael yr ateb?

FFRWYTHAU A LLYSIAU 10

▌Beth yw hwn?

Nid yw printio gyda phaent a ffrwythau neu lysiau yn anghyffredin mewn dosbarthiadau o blant ifanc.

Mae'r gweithgaredd hwn yn herio'r plant i greu printiau sydd union yr un peth â'r rhai a grëwyd gan yr athro/athrawes. Mae hynny'n golygu bod rhaid i bob plentyn gymharu siâp, maint a lliw cyn gallu creu rhywbeth sydd union yr un peth. Bydd angen iddyn nhw hefyd edrych yn ofalus ar y strwythur a'r hyn sydd y tu mewn i'r ffrwyth a'r llysiau.

▌Cychwyn arni

- ☐ Gosodwch unrhyw dechnegau y byddech chi'n eu defnyddio i brintio fel arfer.
- ☐ Casglwch ffrwythau a llysiau.
- ☐ Gwnewch brintiau o ffrwythau a llysiau unigol. Os ydych eisiau gwneud y dasg yn anoddach, torrwch y ffrwyth a'r llysieuyn mewn ffyrdd diddorol cyn eu printio.
- ☐ Gwnewch yn siŵr fod gennych gyllyll addas i dorri'r ffrwythau a'r llysiau.

Ni ddylai plant fwyta unrhyw fwyd a ddefnyddir i brintio na'u rhoi yn eu cegau. Mae plant yn defnyddio cyllyll yn aml i dorri bwyd, ond efallai y bydd angen cymorth arnyn nhw i dorri ffrwythau a llysiau caled ac amrwd. Bydd angen i chi benderfynu pa fwydydd y gallan nhw eu torri'n ddiogel ar eu pen eu hunain.

Anogwch y plant i edrych yn ofalus ar y ffrwythau a'r llysiau yn ofalus. A oes hadau i'w gweld? Sut olwg sydd ar y tu mewn? A yw'n suddog, yn feddal neu'n galed? A yw ei dorri mewn gwahanol ffyrdd yn gwneud gwahaniaeth i'r hyn sydd i'w weld?

Nawr, dangoswch i'r plant sut i brintio'n effeithiol. Er enghraifft, gallech ofyn iddyn nhw bwyso darnau o ffrwythau a llysiau ar sbyngiau sydd wedi'u gorchuddio â phaent cyn eu cyffwrdd ar bapur. Gadewch i'r plant archwilio beth fydd canlyniadau eu printio cyn symud ymlaen i gam nesaf y gweithgaredd.

Ar ôl gorffen archwilio, paratowch brintiau o ffrwythau neu lysiau unigol ar ddarnau bach o bapur a'u rhoi i blentyn neu bâr o blant. Gofynnwch iddyn nhw, "Fedrwch chi wneud un sydd union yr un peth â hwn?"

I greu print sydd union yr un peth, bydd angen i'r plant ystyried pa ffrwyth neu lysieuyn i'w ddewis, yn ogystal â pha liw paent i'w ddefnyddio. Mae angen i'r siâp a'r maint fod yr un peth hefyd. Byddan nhw'n gallu defnyddio'r hyn maen nhw wedi'i weld drwy eu harchwiliadau cynharach. Er enghraifft, mae modd torri cennin ar draws neu ar eu hyd. Wrth eu torri ar draws, maen nhw'n edrych yn debyg iawn i brintiau o foron wedi'u torri.

Cwestiynau allweddol

Chwilio am dystiolaeth o feddwl a dysgu

Yn y gweithgaredd hwn, bydd plant yn cael y cyfle i:

- ✓ ddysgu am, a nodi, rhai o nodweddion planhigion
- ✓ defnyddio ac archwilio ystyr geirfa allweddol – **llysiau**, **ffrwythau**, **hadau**, **gwreiddiau**, **dail**, **croen**, **pilion**, **cnawd**, **tebyg**, **gwahanol**, **patrwm**
- ✓ dosbarthu pethau yn ôl y nodweddion sydd i'w gweld
- ✓ gwneud cymariaethau syml a nodi patrymau syml
- ✓ archwilio lliw, siâp a ffurf mewn dau neu dri dimensiwn.

Gallen nhw wneud hyn drwy:

- ✓ roi cynnig ar brintio gyda gwahanol ffrwythau, llysiau a lliwiau
- ✓ arsylwi darnau wedi'u torri o ffrwythau a llysiau
- ✓ ceisio cydweddu eu printiau â'r rhai a wnaed gan yr athro/athrawes
- ✓ ymateb i ddatganiadau **cywir/anghywir/efallai**, creu **rhestri** o ffrwythau a chwarae **tabŵ**
- ✓ siarad am **Gartŵn Cysyniad**® 'Hadau Pen i Waered'.

Dylech weld tystiolaeth o'u meddwl a'u dysgu o ran:

- ✓ eu hymatebion i gwestiynau
- ✓ beth maen nhw'n sylwi arno ac yn ei ddweud am ffrwythau a llysiau
- ✓ y **rhestri** maen nhw'n eu llunio o'r holl ffrwythau a llysiau maen nhw'n eu hadnabod
- ✓ eu hymdrechion i ail-greu'r printiau ffrwythau a llysiau
- ✓ yr atebion maen nhw'n eu rhoi yn y gêm **cywir/anghywir/efallai**
- ✓ eu barn am y **Cartŵn Cysyniad**®
- ✓ i ba raddau maen nhw'n llwyddo i gymryd rhan yn y gweithgareddau
- ✓ faint maen nhw'n gallu ei wneud heb gymorth.

"Dw i ddim yn gwybod a gafodd y print hwn ei wneud ag eirinen neu lemwn."

"Dw i'n meddwl mai afal yw e … ond mae'n borffor!"

"Edrych! Mae llawer o gylchoedd y tu mewn i'r genhinen!"

Bydd defnyddio Cartŵn Cysyniad, er enghraifft 'Hadau Pen i Waered' o gyfres Cwestiynau Gwyddonol (Naylor a Naylor, 2003), yn annog plant i feddwl am broblemau gwyddonol, cynnal archwiliad a chanfod yr atebion eu hunain. Mae meddwl am sut mae planhigion yn tyfu yn gam dilynol naturiol i'r gweithgaredd hwn. Wedi iddyn nhw ymchwilio i'r broblem, a oes unrhyw gwestiynau eraill i'w gofyn? Beth allen nhw fod eisiau ei wneud nesaf?

Cywir/anghywir/efallai

Mae modd chwarae fersiwn syml iawn o'r gêm Gwir/ Anwir gyda'r gweithgaredd hwn. Er enghraifft, "Mae moronen yn las." "Mae pîn-afal yn llyfn." Cewch fwy o enghreifftiau ar y CD. Athro/athrawes: "Bawd i fyny os yw'r hyn dw i'n ei ddweud yn wir. Bawd i lawr os yw'r hyn dw i'n ei ddweud yn anwir. A bawd ar draws os nad ydych yn siŵr." A yw'r plant i gyd yn cytuno? A yw chwilio am fwy o wybodaeth yn eu helpu i benderfynu?

Llunio rhestr

Gall y plant ddefnyddio'r dull paru, rhannu, cymharu er mwyn dechrau llunio rhestr mor hir â phosibl o'r holl ffrwythau a llysiau maen nhw'n eu hadnabod fel man cychwyn ar gyfer y gweithgaredd. Gallech gysylltu hyn â'r wyddor a chwilio am eitemau sy'n dechrau gyda llythrennau'r wyddor. Ai ffrwythau neu lysiau ydyn nhw? Ble maen nhw'n tyfu? A oes ganddyn nhw hadau? Pa liw ydyn nhw? A yw chwilio am fwy o wybodaeth yn eu helpu i wybod mwy?

Dosbarthu a grwpio

Rhowch ddetholiad bach o ffrwythau wedi'u torri i blant a gofynnwch iddyn nhw feddwl am gynifer o ffyrdd â phosibl i'w didoli – ar sail hadau, lliw, gwead, siâp, ac ati. Nawr, rhowch rywfaint o lysiau wedi'u torri iddyn nhw a gofynnwch iddyn nhw eu cynnwys yn eu grwpiau. Gofynnwch iddyn nhw rannu'r rhesymau dros eu dewisiadau.

Tabŵ

Mae gan blentyn o bob grŵp gerdyn gydag enw ffrwyth neu lysieuyn ar y brig. O dan y gair, mae rhai geiriau nad yw'r plentyn yn cael eu defnyddio i'w ddisgrifio. Er enghraifft, TATEN: sglodion, stwnsh, tato. A yw'r plant eraill yn gallu dyfalu beth ydyw?

Bydd y gweithgaredd hwn yn eu helpu i ganolbwyntio ar eu gwybodaeth am y ffrwyth neu'r llysieuyn dan sylw yn hytrach na sut mae'n cael ei ddefnyddio. Pa mor anodd yw siarad am ffrwyth neu lysieuyn heb allu sôn am ei ddefnydd? A yw'r plant yn ansicr ynghylch rhai ffrwythau? A yw chwilio am fwy o wybodaeth yn eu helpu?

I FYNY AC I LAWR

11

Beth yw hwn?

Bydd resins sy'n cael eu gollwng mewn i lemonêd yn suddo ac yn codi'n barhaus nes bod y nwy wedi diflannu o'r hylif.

Mae plant wrth eu bodd yn gwylio hyn yn digwydd. Mae trafod beth yn union maen nhw'n gallu ei weld yn gallu cynhyrchu toreth o eiriau a syniadau. Rhoddir y pwyslais ar yr hyn mae'r plant yn ei weld, ac NID ar esboniadau gwyddonol am y màs a'r dwysedd.

Cychwyn arni

- ☐ Prynwch boteli rhad o lemonêd. Peidiwch â defnyddio lemonêd hen iawn oherwydd gallai fod yn fflat.
- ☐ Casglwch resins; gallech fod eisiau defnyddio mathau gwahanol er mwyn eu harchwilio.
- ☐ Dewch o hyd i gynwysyddion tal, tryloyw a phlastig.
- ☐ Cofiwch fod â gwellt neu droyddion i gael y nwy allan o'r lemonêd.

Os byddwch yn defnyddio cynwysyddion gwydr, holwch am y defnydd o wydr yn eich ysgol. Cliriwch unrhyw wydr sy'n torri ar unwaith a gwaredwch ef yn ofalus i osgoi damweiniau.

Trefnu i'r plant weithio mewn parau sydd orau. Rhowch gynhwysydd iddyn nhw â lemonêd sydd newydd ei dywallt/arllwys i mewn iddo. Gadewch i'r plant weld effaith y nwy yn y lemonêd. Drwy edrych yn agos arno, byddan nhw'n teimlo'r hylif ar eu hwynebau wrth i'r swigod neidio o gwmpas ar yr arwyneb.

Wedyn, gollyngwch 5 neu 6 resinen a gofynnwch i'r plant wylio'n ofalus a disgrifio beth sy'n digwydd. Dylen nhw weld y resins yn cael eu gorchuddio gan swigod nwy ac yn codi i'r arwyneb. Wrth i'r swigod ffrwydro, bydd y resins yn suddo'n is yn yr hylif. Ar ôl codi digon o swigod, byddan nhw'n codi unwaith eto. Beth sy'n gwneud i'r resins godi yn eu barn nhw?

Ar ôl iddyn nhw gynnig eu holl syniadau, gofynnwch i'r plant droi'r hylif yn ofalus hyd nes bod yr holl swigod nwy yn diflannu. Beth sy'n digwydd nawr? A oes unrhyw un yn gallu egluro hyn?

Bydd y rhan fwyaf o'r resins yn gorwedd ar waelod y cynhwysydd erbyn hyn gan na fydd mwy o swigod nwy i'w codi i'r arwyneb. Ar ôl i'r resins symud i fyny ac i lawr mor gyflym, bydd rhai o'r plant yn meddwl eu bod yn fyw, er eu bod wedi gweld y resins ar y dechrau. Felly, nawr eu bod wedi stopio symud o gwmpas, gallen nhw feddwl eu bod wedi marw!

Mae ystyr 'bod yn fyw' yn gallu cael ei drafod yn eithaf naturiol yma.

Cwestiynau allweddol

Chwilio am dystiolaeth o feddwl a dysgu

Yn y gweithgaredd hwn, bydd plant yn cael y cyfle i:

- ✓ arsylwi nwyon mewn hylifau a sut mae nwyon yn helpu pethau i arnofio
- ✓ defnyddio ac archwilio ystyr geirfa allweddol – **hylif**, **arnofio**, **suddo**, **codi**, **disgyn**, **swigod**, **nwy**, **byrlymog**
- ✓ archwilio gwrthrychau a defnyddiau
- ✓ gofyn ac ateb cwestiynau ynghylch pam mae pethau'n digwydd
- ✓ cymharu beth ddigwyddodd â'r hyn roedden nhw'n ei ddisgwyl
- ✓ ymestyn eu hiaith bob dydd yn ogystal â'u hiaith wyddonol
- ✓ defnyddio iaith i drefnu ac egluro eu syniadau.

Gallen nhw wneud hyn drwy:

- ✓ weld y swigod nwy yn gadael y lemonêd
- ✓ gwylio'r resins yn codi ac yn disgyn yn y lemonêd
- ✓ ceisio egluro beth sy'n digwydd o'u blaen
- ✓ **anodi lluniau** o'r resins yn y lemonêd
- ✓ siarad am beth sy'n digwydd pan nad oes nwy yn y lemonêd
- ✓ **cymharu** beth sy'n digwydd i resins mewn lemonêd a hylifau eraill.

Dylech weld tystiolaeth o'u meddwl a'u dysgu o ran:

- ✓ sut maen nhw'n ymateb i gwestiynau
- ✓ sut maen nhw'n siarad am eu profiadau o weld y nwy yn gadael y lemonêd
- ✓ yr iaith maen nhw'n ei defnyddio i egluro beth sy'n digwydd i'r resins
- ✓ pa mor dda maen nhw'n arsylwi ac yn **cymharu** beth sy'n digwydd
- ✓ yr **anodiadau** ar eu lluniau
- ✓ sut maen nhw'n cymryd rhan yn y gweithgaredd
- ✓ faint maen nhw'n gallu ei wneud heb gymorth.

Beth fydd plant yn ei wneud a'i ddweud

Ymestyn y gweithgaredd

Anogwch y plant i anodi eu lluniau o'r resins mewn lemonêd. Bydd hyn yn eu helpu i ganolbwyntio ar y resins yn symud i fyny ac i lawr yn yr hylif nes bod yr holl nwy wedi diflannu, neu weld pa mor agos y mae'r swigod yn ymgrynhoi ar bob resinen cyn iddi godi trwy'r lemonêd.

Gall y plant nad ydyn nhw'n ysgrifennu eto gael eu sylwadau wedi'u hysgrifennu ar eu lluniau, os ydyn nhw eisiau.

A wnaeth unrhyw beth eu synnu? A oes ganddyn nhw fwy o syniadau i'w harchwilio a allai eu helpu nhw i egluro beth ddigwyddodd?

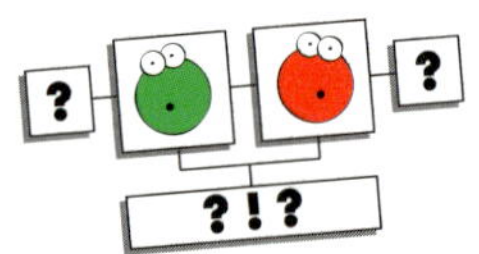

Cymharu a chyferbynnu

Gall y plant gymharu'r resins mewn lemonêd llawn swigod ac mewn lemonêd heb swigod.

Anogwch y plant i edrych yn ofalus ar symudiad, neu ddiffyg symudiad y resins mewn dŵr, llaeth, sgwash, dŵr soda, cola, ac ati.

A yw'r hyn maen nhw'n ei weld yn cadarnhau eu syniadau ynglŷn â pham mae'r resins yn symud? Os nad ydyw, a oes angen iddyn nhw roi cynnig ar syniadau eraill er mwyn cymharu beth sy'n digwydd i'r resins yn y lemonêd ac mewn sefyllfaoedd eraill?

Gallwch ymestyn y gweithgaredd hwn drwy gymharu'r resins â gwrthrychau bach eraill sy'n suddo. Ydyn nhw'n gallu canfod unrhyw beth arall sy'n ymateb fel y resins? (Osgowch gnau mwnci.)

Creu awyrgylch cefnogol: Partneriaid siarad a Pharu, rhannu, cymharu

Dyma weithgaredd da ar gyfer defnyddio paru, rhannu, cymharu i helpu'r plant i ddod i rai casgliadau am beth sy'n digwydd i'r resins, ac i ofyn mwy o gwestiynau i'w harchwilio. Mae parau sy'n cydweithio yn debygol o archwilio mwy o syniadau na phlant sy'n gweithio ar eu pen eu hunain.

Rhowch amser i'r plant wylio'r resins yn codi ac yn disgyn yn y lemonêd. Gofynnwch iddyn nhw arsylwi'n fanwl iawn a disgrifio wrth eu partner beth yn union sy'n digwydd o'u blaen.

Gall parau fynd ati wedyn i drafod eu harsylwadau a beth maen nhw'n meddwl sy'n digwydd gyda phâr arall. Y cyfan rydych yn chwilio amdano yma yw disgrifiad syml o beth mae'r swigod yn ei wneud a bod llawer o swigod ar y resins pan maen nhw'n codi, bod rhai swigod yn ffrwydro, bod y resins yn suddo, ac ati ...

GWNEWCH HWYADEN I MI

12

Beth yw hwn?

Mae'r plant yn defnyddio gêm ddis i wneud anifail neu wrthrych penodol. Maen nhw'n defnyddio gwahanol rymoedd, fel gwthio a thynnu, ar ddefnydd modelu i greu anifail. Gellir cymharu'r gwrthrych gorffenedig â ffotograff neu enghraifft fyw i weld pa mor agos oedden nhw at efelychu'r gwrthrych go iawn.

Cychwyn arni

- ☐ Crëwch gardiau cyfarwyddo. Defnyddiwch y geiriau 'gwthio' a 'thynnu' yn unig gyda phlant ifanc.

    1 = gwthio   2 = tynnu   3 = gwthio
    4 = tynnu   5 = gwthio   6 = tynnu

- ☐ Gall plant hŷn ddefnyddio cerdyn gyda'r rhifau 1 – 6, sy'n gysylltiedig â naill ai gwthio, tynnu, troelli, plygu, ac ati. Er enghraifft:

    1 = gwthio   2 = tynnu   3 = troelli
    4 = plygu   5 = gwasgu
    6 = Dewiswch chi pa rym i'w ddefnyddio!

- ☐ Casglwch rai defnyddiau modelu fel clai chwarae a dis, un set i bob grŵp.

Rhybuddiwch y plant i beidio â bwyta'r defnydd modelu. Dylai'r plant olchi eu dwylo'n lân cyn ac ar ôl defnyddio clai chwarae neu ddefnyddiau modelu eraill.

Sut i'w ddefnyddio?

Yn gyntaf oll, trafodwch gyda'r plant ystyr gwthio a thynnu a'r teimladau cysylltiol.

Cyn iddyn nhw ddechrau'r gêm, rhowch darged iddyn nhw anelu ato. Er enghraifft, "Dw i eisiau i chi greu hwyaden o'r darn hwn o glai. Dim ond gwthio a thynnu y cewch wneud. Dw i eisiau i bawb gael cynnig fesul un a thaflu'r dis i weld beth mae angen i chi ei wneud."

Wrth rolio'r dis, mae pob rhif yn cyfateb i'r cyfarwyddyd ar y cerdyn. Gall plant iau wthio bob tro y maen nhw'n cael odrif a thynnu ar gyfer yr eilrifau. Fel arall, gallwch roi'r geiriau 'gwthio' a 'thynnu' ar ddis. Gall y plant weithio mewn parau neu grwpiau bach.

Ar y diwedd, treuliwch ychydig o amser yn cymharu'r cynnyrch gorffenedig gydag ymdrechion y grwpiau eraill. Hefyd, edrychwch ar luniau o hwyaden go iawn a nodwch sut y gellir gwella eu modelau.

Cwestiynau allweddol

Yn y gweithgaredd hwn, bydd plant yn cael y cyfle i:

✓ ddysgu bod gwthio a thynnu yn enghreifftiau o rymoedd

✓ dysgu am y gwahaniaeth rhwng pethau byw

✓ defnyddio ac archwilio ystyr geirfa allweddol – **gwthio**, **tynnu**, **troelli**, **plygu**, **ymestyn**, **gwasgu**, **hirach**, **byrrach**, **tewach**, **teneuach**, **mwy crwn**, **mwy gwastad**

✓ bod yn hyderus i gynnig syniadau

✓ aros eu tro a gweithio'n rhan o grŵp

✓ dysgu sut i drin a thrafod defnyddiau.

Gallen nhw wneud hyn drwy:

✓ chwarae'r gêm ddis i greu hwyaden

✓ ystyried beth yw nodweddion hwyaden – pig, plu, 2 adain, ac ati

✓ gweithio gyda grŵp i wneud hwyaden a **chymharu** eu hwyaden â hwyaden grŵp arall a gydag anifeiliaid eraill

✓ tynnu **llun wedi'i anodi** neu ffotograff o'u hwyaden

✓ **cymharu a chyferbynnu** anifeiliaid.

Dylech weld tystiolaeth o'u meddwl a'u dysgu o ran:

✓ y ffordd maen nhw'n ymateb i gwestiynau

✓ sut maen nhw'n gweithio gyda phlant eraill i chwarae'r gêm

✓ sut maen nhw'n ymateb i'r cyfarwyddiadau

✓ y geiriau maen nhw'n eu defnyddio am rymoedd wrth wneud yr hwyaden

✓ beth maen nhw'n sylwi arno wrth **gymharu a chyferbynnu** anifeiliaid

✓ y geiriau maen nhw'n eu defnyddio i **anodi** eu llun

✓ sut maen nhw'n cymryd rhan yn y gweithgaredd

✓ faint maen nhw'n gallu ei wneud heb gymorth.

"Mae angen i mi wneud pig. Dw i'n gobeithio y caf i dynnu!"

"Dw i wedi cael rhif 5 – rhaid i mi wasgu nawr. Fedra i wneud coes hwyaden drwy wasgu?"

"Mae'r hwyaden yma'n edrych yn ddoniol. Mae ei llygaid yn sefyll allan. Dw i am eu rhoi yn ôl i mewn drwy eu gwthio."

Mae'r trefnydd graffeg yn ffordd ddelfrydol o annog plant i feddwl mwy am nodweddion gwahanol anifeiliaid. Ar ôl gorffen, gallen nhw chwarae'r gêm eto drwy wneud yr anifail arall y tro hwn.

A ydyn nhw'n ansicr am rai pethau? A yw cael gwybodaeth drwy ddefnyddio ffotograffau, llyfrau neu gyfrifiaduron o gymorth?

Camgymeriadau bwriadol

Gallwch gyflwyno'r gweithgaredd hwn drwy ddangos sut i wneud creadur, fel cath, drwy wthio a thynnu. Os ydych yn gwneud camgymeriadau bwriadol yn eich model, buan iawn y byddan nhw'n rhoi gwybod i chi … ond gofynnwch iddyn nhw egluro pam y mae'n gamgymeriad. "Dywedwch wrthyf i sut rydych yn gwybod nad cath yw hon?" Gallech hefyd wthio pan oeddech i fod i dynnu, ac ati. A yw rhai o'r plant yn ansicr ynghylch gwthio, tynnu, ac ati? A yw chwarae gyda theganau maen nhw'n eu tynnu a'u gwthio o gymorth?

Lluniau wedi'u hanodi a Chymharu a chyferbynnu

Ar ôl cwblhau'r model o'r hwyaden ac ar ôl i'r plant gael y cyfle i drafod ei rinweddau a'i wendidau, gall y plant wneud llun o'u model neu dynnu ffotograff digidol ohono.

Gallen nhw fynd ati wedyn i gymharu eu model eu hunain â ffotograff/fideo o hwyaden go iawn, ystyried gwahanol rannau'r hwyaden a pha mor debyg ydyw i'r hwyaden go iawn. Gallai eu hannog i wneud ychydig nodiadau wrth ymyl eu llun eu helpu i ddeall yn well. A yw pob plentyn yn gallu sylwi ar y gwahaniaethau? A yw rhoi ambell awgrym iddyn nhw yn eu helpu i ddeall?

Sblat!

Dangoswch grid mawr 3 x 3 sy'n dangos enwau neu luniau 9 anifail gwahanol. Gallech roi cynnig ar grwban, ci, pysgodyn, broga, pryf, crocodeil, robin goch, neidr a mwydyn.

Rhannwch y dosbarth yn grwpiau a dewiswch un plentyn o bob grŵp i sefyll o flaen y grid. Darllenwch frawddeg sy'n rhoi disgrifiad byr o un o'r anifeiliaid. Er enghraifft, "Gall yr anifail hwn hedfan." Parhewch i roi darnau ychwanegol o wybodaeth nes bod un plentyn yn gwybod yr ateb ac yn rhoi ei law dros un o'r anifeiliaid ar y grid.

Anogwch y plentyn i egluro ei ddewis wrth weddill y dosbarth. Fel arall, gallwch ddefnyddio gridiau bach ar fyrddau, fesul grŵp neu fesul unigolyn, yn yr un modd. A ydyn nhw'n ansicr ynghylch rhai anifeiliaid? A yw gwneud mwy o ymchwil am yr anifeiliaid yn helpu?

 Beth yw hwn?

Mae'r gweithgaredd hwn yn annog plant i edrych yn ofalus ar amrywiaeth o hylifau cyffredin a gweld sut maen nhw'n ymddwyn. Ychwanegir hylifau at ei gilydd ac mae'r plant yn gweld beth sy'n digwydd. Mae'r canlyniadau yn synnu llawer o'r plant. Byddan nhw'n edrych yn ofalus ar bob hylif yn y dyfodol!

Gellir cynnal y gweithgaredd hwn fel ymarfer siarad neu wrando neu gellir defnyddio taflen waith syml i gofnodi syniadau'r plant. Maen nhw'n cael eu hannog i feddwl am beth fydd yn digwydd ar sail eu profiadau arferol. Dywedwch wrthyn nhw beidio â phoeni os nad ydyn nhw'n siŵr.

Cychwyn arni

- ☐ Casglwch botel o olew coginio, can o syryp melyn, dŵr mewn potel. Dewch o hyd i gynwysyddion bas i roi rhai o'r hylifau ynddyn nhw.
- ☐ Casglwch wydrau tal ag ochrau syth neu ficeri plastig clir.
- ☐ Dewch o hyd i liwiadau bwyd yn ogystal â gollyngwr plastig.
- ☐ Efallai y bydd angen casgliad o wrthrychau bach, trwm ac ysgafn hefyd.

Os ydych yn defnyddio gwydr, gwnewch yn siŵr fod unrhyw wydr sy'n torri yn cael ei glirio yn gyflym. Cofiwch gael tywelion papur wrth law. Ar y diwedd, tywalltwch/arllwyswch yr hylif i mewn i fag er mwyn ei daflu ac i osgoi blocio'r sinc. Golchwch yr hyn sy'n weddill gan ddefnyddio dŵr poeth a sebon.

Gadewch i'r plant arsylwi a/neu afael yn yr olew, y syryp a'r dŵr. Gallen nhw symud y jariau o hylif yn ôl ac ymlaen a sylwi ar sut maen nhw'n symud. Siaradwch am ble gallen nhw fod wedi gweld pob un o'r hylifau hyn gartref neu yn yr ysgol. Tywalltwch/arllwyswch bob un o'i gynhwysydd i mewn i ddysgl er mwyn gallu ei droi a'i gyffwrdd.

Os ydych yn defnyddio taflen gofnodi (darllenwch y rhan am 'Arsylwi, rhagfynegi, arsylwi, egluro' yn nes ymlaen yn yr adran), dangoswch hi i'r plant.

Ychwanegwch yr hylifau yn y drefn ganlynol:

1. syryp melyn   2. olew coginio   3. dŵr   4. diferion o liwiad bwyd*

Cyn ychwanegu pob un, gofynnwch i'r plant siarad gyda'u partner am beth maen nhw'n ei feddwl fydd yn digwydd a pham. Ar ôl ychwanegu, gofynnwch iddyn nhw ddisgrifio beth wnaethon nhw ei weld a pham y digwyddodd hynny yn eu barn nhw.

Gellir tywallt/arllwys llai o'r hylifau i dybiau bach er mwyn i blant unigol allu gweld beth sy'n digwydd os yw'r drefn yn cael ei newid. Mae modd eu hysgwyd hefyd.

*DS Bydd y canlyniad yn dibynnu ar ba un a yw'r lliw bwyd yn cael ei ychwanegu'n ysgafn fesul diferyn neu'n gyflym, ar ffurf 'jet'.

▌Cwestiynau allweddol

Chwilio am dystiolaeth o feddwl a dysgu

Yn y gweithgaredd hwn, bydd plant yn cael y cyfle i:

- ✓ ymestyn eu gwybodaeth am hylifau cyffredin
- ✓ disgrifio nodweddion syml hylifau
- ✓ defnyddio ac archwilio ystyr geirfa allweddol – **hylif**, **arnofio**, **suddo**, **haen**, **llif**, **tywallt/arllwys**, **cymysgu**
- ✓ disgrifio'r hyn sy'n debyg ac yn wahanol
- ✓ arsylwi'n ofalus drwy ddefnyddio pob synnwyr
- ✓ cymharu beth ddigwyddodd gyda'r hyn roedden nhw'n ei ddisgwyl.

Gallen nhw wneud hyn drwy:

- ✓ edrych yn ofalus ar syryp, olew a dŵr
- ✓ **rhagfynegi** cyn **arsylwi** beth fydd yn digwydd wrth gymysgu'r hylifau gyda'i gilydd drwy gael eu hannog i ddefnyddio amrywiaeth o eiriau i **egluro** beth maen nhw wedi'i weld, e.e. tywallt/arllwys, rhedegog, uwchben, cymysg, arnofio, ac ati
- ✓ **rhagfynegi** sut gall gwrthrychau ymddwyn wrth eu hychwanegu at y cymysgedd tri hylif.

Dylech weld tystiolaeth o'u meddwl a'u dysgu o ran:

- ✓ sut maen nhw'n ymateb i gwestiynau
- ✓ beth maen nhw'n ei ddweud ac yn ei wneud wrth archwilio'r hylifau
- ✓ sut maen nhw'n cymharu pob hylif
- ✓ beth maen nhw'n ei ddweud wrth i'r hylifau gael eu cymysgu
- ✓ sut maen nhw'n disgrifio sut mae gwrthrychau'n ymateb wrth eu rhoi yn y gwydr
- ✓ y daflen waith wedi'i chwblhau ar gyfer **arsylwi**, **rhagfynegi**, **arsylwi**, **egluro**
- ✓ sut maen nhw'n cymryd rhan yn y gweithgaredd
- ✓ faint maen nhw'n gallu ei wneud heb gymorth.

Beth fydd plant yn ei wneud a'i ddweud

"Dw i'n meddwl bydd y syryp melyn a'r olew yn cymysgu gyda'i gilydd."

"Bydd y dŵr uwchben y syryp a'r olew."

"Edrych beth ddigwyddodd!"

Ymestyn y gweithgaredd

Eglurwch y byddan nhw'n nodi ar ochr chwith y daflen beth maen nhw'n meddwl fydd yn digwydd i bob hylif ar ôl ei dywallt/arllwys i mewn i gynhwysydd plastig neu wydr tal ag ochrau syth.

Os bydd rhywbeth gwahanol yn digwydd, gallen nhw dynnu llun ohono ar yr ochr dde. A oes unrhyw beth yn eu synnu? A ydyn nhw eisiau rhoi cynnig ar unrhyw syniadau i'w helpu nhw i egluro beth ddigwyddodd?

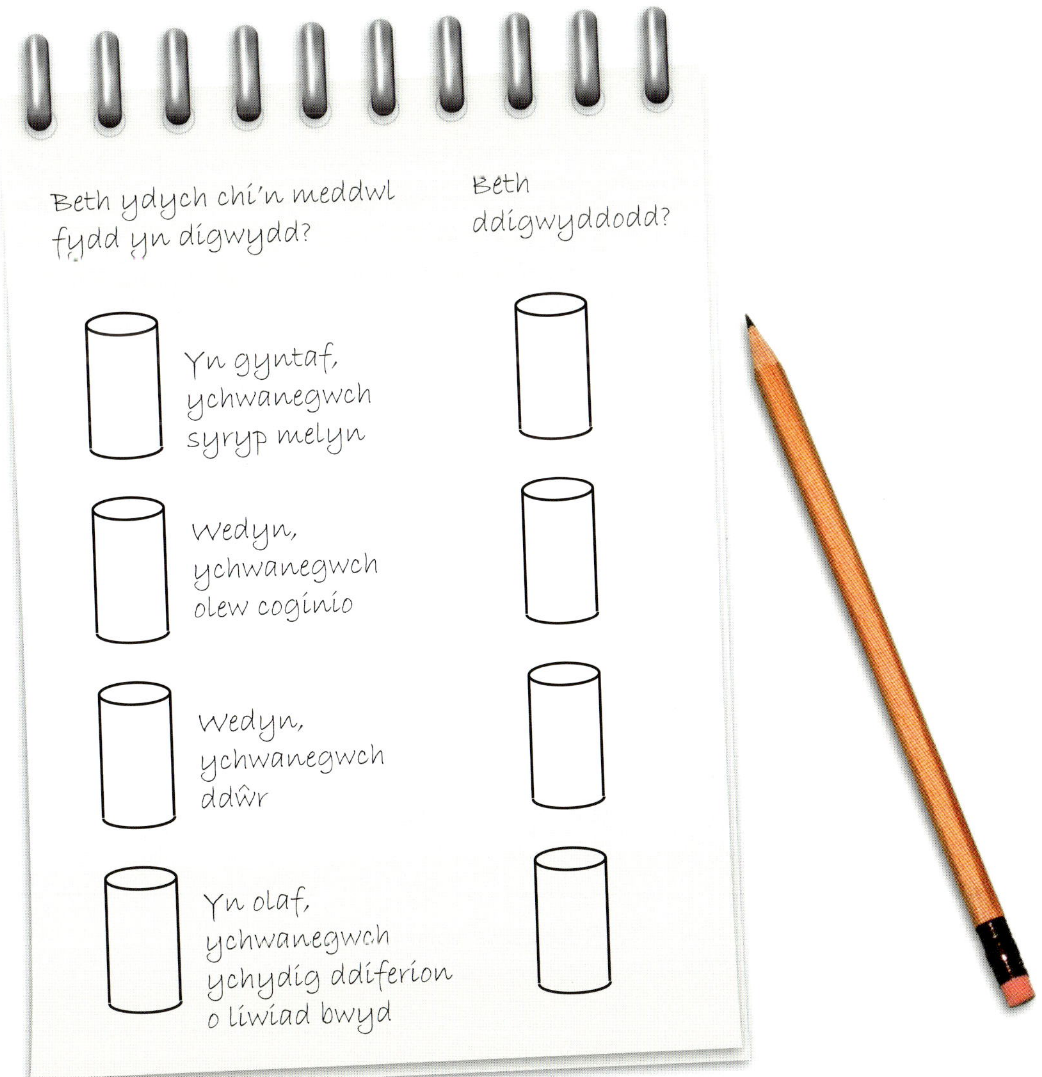

Arsylwi, rhagfynegi, arsylwi, egluro (fersiwn 2)

Gollyngwch rawnwinen mewn i ddŵr a gadewch i'r plant wylio beth sy'n digwydd. Gofynnwch iddyn nhw siarad gyda'u partner am beth fydd yn digwydd wrth i chi ollwng y rawnwinen mewn gwydr sy'n cynnwys y tri hylif. Gadewch iddyn nhw weld beth sy'n digwydd cyn ceisio egluro'n syml (heb sôn am ddwysedd) beth maen nhw wedi'i weld.

Gwnewch yr un peth gyda chiwb plastig bach. Gall hwn fod mewn cynhwysydd gwahanol os yw'n well gennych chi, ond mae plant yn mwynhau gwylio gwrthrychau'n arnofio mewn gwahanol leoedd yn yr un jar. A yw'r plant yn gallu awgrymu unrhyw beth arall sy'n fach ac a allai arnofio neu suddo? A yw rhoi cynnig ar wrthrych arall (e.e. marblen fach) yn symleiddio'r dasg o ragfynegi beth fydd yn digwydd i'r un nesaf? A yw'n codi unrhyw gwestiynau y gallen nhw fod eisiau eu gofyn?

DS Mae'n well gwneud y gweithgaredd hwn gyda'r plant fel nad yw'r cynhwysydd yn cael ei lenwi'n gyfan gwbl gan wrthrychau gludiog a seimllyd.

Creu awyrgylch cefnogol: Dim dwylo i fyny, Yn dod atoch yn fuan a Bawd i Fyny, Bawd i Lawr.

Mae'r plant yn cynhyrfu pan ofynnwch iddyn nhw benderfynu beth fydd yn digwydd i bob hylif wrth ei roi yn y gwydr. Dyma weithgaredd da ar gyfer defnyddio strategaethau sy'n annog y plant i feddwl, ond ceisiwch eu hannog i beidio â gweiddi eu syniadau yn uchel a dylanwadu ar eraill yn ormodol. "Peidiwch â rhoi eich dwylo i fyny oherwydd, ar ôl i chi i gyd feddwl a siarad, dw i'n mynd i ddewis pwy fydd yn rhoi ei ateb."

Os ydych yn gofyn i blant gofnodi eu syniadau, gallech ddefnyddio "Bawd i Fyny, Bawd i Lawr" i weld a ydyn nhw'n deall yr hyn y dylen nhw ei ddeall drwy gydol y gweithgaredd. "Dangoswch i mi os ydych yn deall beth dw i eisiau i chi ei wneud."

BLE MAE'R ENFYS?

Beth yw hwn?

Drwy helpu plant i fod yn ymwybodol o amrywiaeth enfawr y lliwiau yn yr amgylchedd, gallwch eu helpu i wella eu sgiliau arsylwi a'u dealltwriaeth o'r amrywiaeth gyfoethog ym myd natur a'r newidiadau tymhorol. Mae'r gweithgaredd hwn yn helpu plant i chwilio am ddefnyddiau yn eu hamgylchedd awyr agored fydd yn cyd-fynd â lliwiau perthnasol. Os yw'r plentyn yn llai aeddfed neu'n llai profiadol, dylid defnyddio palet symlach.

Cychwyn arni

- ☐ Ewch o gwmpas eich amgylchedd lleol awyr agored gan edrych am unrhyw beryglon posibl a chwilio am leoedd diddorol i ymweld â nhw.
- ☐ Paratowch gyfres o baletau lliw syml y gall eich plant eu defnyddio.
- ☐ Rhowch enghreifftiau o wahanol liwiau ar hyd un ochr o'r cerdyn a stribed o dâp dwyochrog ar hyd yr ochr arall.
- ☐ Gall tri neu bedwar lliw fod yn ddigonol i'r plant iau.

Darllenwch y polisi ar gyfer gweithio yn yr awyr agored a gofalwch nad oes unrhyw wrthrychau peryglus neu blanhigion niweidiol yn yr ardal. Gwnewch yn siŵr mai dim ond samplau bach o blanhigion y mae'r plant yn eu casglu. Rhybuddiwch nhw i beidio â rhoi creaduriaid bach, fel buwch goch gota, ar y palet am eu bod yn goch!

Sut i'w ddefnyddio?

Rhowch balet lliw i barau o blant. Gallech ddweud wrthyn nhw fod enfys wedi syrthio o'r awyr ac wedi'i lledaenu ar draws yr iard neu'r maes chwarae. Eu tasg nhw yw dod o hyd i ddarnau ohoni i gyd-fynd â'r lliwiau a roddwyd iddyn nhw.

Rhowch amser i'r plant archwilio'r ardal, siarad a meddwl am eu lliwiau. Ar ôl iddyn nhw gael amser i feddwl, gadewch iddyn nhw ddechrau casglu. Mae modd gosod samplau bach o frigau, dail, petalau, ac ati ar y tâp dwyochrog.

Gall defnyddio gwahanol fathau o un lliw roi her ychwanegol. Er enghraifft, bydd defnyddio sawl math gwahanol o wyrdd yn annog y plant i edrych yn ofalus iawn ar ddail amrywiol yn eu hamgylchedd ac yn eu helpu i adnabod yr amrywiaeth o liwiau unigol.

Mae rhwydd hynt i chi benderfynu a yw plant yn cael ychwanegu cynnyrch gwneuthuredig, e.e. papurau losin, at y lliwiau ar eu palet.

Dw i hefyd wedi defnyddio'r gweithgaredd hwn yn llwyddiannus gan ddefnyddio stribedi o siartiau paent o siopau addurno ac adeiladu.

Cwestiynau allweddol

Yn y gweithgaredd hwn, bydd plant yn cael y cyfle i:

- ✓ archwilio a dysgu am yr amgylchedd naturiol
- ✓ defnyddio ac archwilio ystyr geirfa allweddol – **blodau**, **dail**, **aeron**, **byw**, **marw**, **naturiol**, **gwneuthuredig**, **lliw**, **arlliw**
- ✓ chwilio am yr hyn sy'n debyg ac yn wahanol yn yr amgylchedd naturiol, e.e. ar y maes chwarae, o dan y coed, ac ati
- ✓ cymharu'r hyn y daethon nhw o hyd iddo gyda'r hyn roedden nhw'n ei ddisgwyl
- ✓ meithrin eu sgiliau arsylwi
- ✓ ehangu eu gwybodaeth am liwiau a sgiliau cydweddu lliwiau
- ✓ cydnabod bod peryglon yn gysylltiedig â phethau byw.

Gallen nhw wneud hyn drwy:

- ✓ archwilio'r amgylchedd naturiol yn ofalus i ganfod amrywiaeth o liwiau
- ✓ llunio **rhestr** beth maen nhw'n meddwl y byddant yn dod o hyd iddyn nhw
- ✓ cydweddu gwrthrychau â'r lliw penodol ar eu palet lliw
- ✓ **cymharu** beth maen nhw'n ei ganfod â phaletau'r plant eraill
- ✓ **grwpio** lliwiau gyda'i gilydd.

Dylech weld tystiolaeth o'u meddwl a'u dysgu o ran:

- ✓ sut maen nhw'n ymateb i gwestiynau
- ✓ eu paletau enfys wedi'u cwblhau
- ✓ beth maen nhw'n ei ddweud am sut mae'r planhigion a'r defnyddiau eraill y maen nhw'n eu canfod yn cyd-fynd â'r hyn roedden nhw wedi'i ddisgwyl
- ✓ y ffordd maen nhw'n **cymharu a chyferbynnu** gwahanol baletau i weld beth sy'n debyg a beth sy'n wahanol
- ✓ yr hyn maen nhw'n ei **ragfynegi** am beth y byddan nhw'n dod o hyd iddo y tu allan
- ✓ sut maen nhw'n cymryd rhan yn y gweithgaredd
- ✓ faint maen nhw'n gallu ei wneud heb gymorth.

Beth fydd plant yn ei wneud a'i ddweud

"Mae canol fy mlodyn oren yn ddu … ble ddylwn i ei roi ar y cerdyn?"

"Dw i'n meddwl y bydda' i'n dod o hyd i lawer o frown ger y gegin achos bod llawer o ffensys pren, meinciau a drysau yno."

LLIW	Yr hyn rydyn ni'n disgwyl ei weld	RHOWCH Y GWRTHRYCH YMA	BRAWDDEG
brown	deilen wedi marw		Daethon ni o hyd i frigyn brown wedi torri.
melyn	blodyn ymenyn		Daethon ni o hyd i flodyn bach melyn.

Gallai'r plant lunio rhestri o'r hyn maen nhw'n disgwyl ei weld er mwyn eu cymharu â'r hyn maen nhw'n dod o hyd iddyn nhw mewn gwirionedd. Bydd hyn yn eich helpu chi a'r plant i feddwl am beth maen nhw eisoes yn ei wybod ac i fireinio eu syniadau. A oes unrhyw wrthrychau annisgwyl? A yw mynd allan i edrych unwaith eto, neu ofyn i blant eraill beth ddaethon nhw o hyd iddo, yn eu helpu i ateb unrhyw gwestiynau?

Ymestyn y gweithgaredd (parhad)

Dosbarthu a grwpio

Edrychwch ar yr holl gardiau wedi'u cwblhau ac enwch yr eitemau y daethpwyd o hyd iddyn nhw – planhigion, plastigau, cerrig, ffabrigau, ac ati. Gellir creu sbectrwm o'r holl eitemau glas/gwyrdd/brown y daethpwyd o hyd iddyn nhw drwy dorri stribedi unigol o bob palet gwahanol a'u cyfuno ar un daflen. Sut mae'r stribedi lliw hyn yn cymharu â'r siartiau paent gan y siopau paent?

A oes rhai lliwiau'n fwy amlwg na lliwiau eraill? A oes rheswm am hynny? A fyddai mynd allan i edrych ar wrthrychau ar ddiwrnod arall neu ar adegau eraill o'r flwyddyn yn gwneud gwahaniaeth?

Arsylwi, rhagfynegi, arsylwi, egluro

Gofynnwch i'r plant greu eu paletau cydweddu lliwiau eu hunain. Rhaid iddyn nhw ddewis nifer o liwiau y maen nhw'n credu y byddan nhw'n dod o hyd iddyn nhw yn yr amgylchedd a ddewiswyd. Wedi hynny, gall y plant adolygu'r hyn a achosodd syndod iddyn nhw. A yw'r hyn maen nhw wedi'i ddysgu yn eu helpu i ragfynegi beth allai ddigwydd pe bydden nhw'n cynnal yr un gweithgaredd rhyw dro arall?

Cymharu a chyferbynnu

Trafodwch baletau dau blentyn gwahanol neu ddwy ran wahanol o dir yr ysgol. Beth sy'n gyffredin a beth sy'n wahanol rhyngddyn nhw? Faint o wahanol blanhigion neu wrthrychau eraill y daethpwyd o hyd iddyn nhw? Pa liwiau oedd yr hawsaf/anoddaf i'w canfod? A oes unrhyw beth annisgwyl? A yw mynd allan unwaith eto yn eu helpu i ateb rhai o'u cwestiynau?

Dilyniannu

Gan ddefnyddio'r paletau sydd wedi'u cwblhau fel cyfeirnod map a manylion am yr hyn y daethpwyd o hyd iddo mewn gwahanol leoedd, gallai'r plant lunio disgrifiad â threfn iddo o lwybr o amgylch yr ysgol. Gellir ychwanegu ffotograffau digidol hefyd i gyfoethogi'r disgrifiad. Sut byddai'r un llwybr yn wahanol y mis nesaf neu mewn ychydig fisoedd?

GERDDI RHEW

 Beth yw hwn?

Mae'r plant yn casglu ac yn trefnu amrywiaeth o ddail, blodau, blagur, ac ati mewn cynhwysydd bas, e.e. cynhwysydd polystyren ar gyfer cynnyrch archfarchnad, cynhwysydd hufen iâ neu rywbeth tebyg. Mae'r rhain yn cael eu rhewi mewn haen denau o rew i greu gerddi rhew hardd sy'n denu sylw, yn ysgogi'r dychymyg ac yn gallu arwain at weithgareddau creadigol o ran siarad a gwrando, celf neu ysgrifennu.

Cychwyn arni

- Rhowch wrthrychau naturiol diddorol yng ngwaelod cynhwysydd. Tywalltwch/arllwyswch haen fas o ddŵr (y gallwch ei lliwio â lliwiad bwyd) er mwyn gwneud i'r gwrthrychau arnofio a rhowch y cynhwysydd yn y rhewgell. Wedi iddo rewi, ychwanegwch ragor o ddŵr a'i rewi unwaith eto.
- Casglwch ragor o gynwysyddion er mwyn i'r plant eu defnyddio.
- Dewch o hyd i rywfaint o liwiadau bwyd.
- Casglwch ddetholiad o ddefnyddiau naturiol diddorol neu trefnwch i'r plant gasglu eu rhai eu hunain.

 Os bydd y plant yn casglu eu gwrthrychau naturiol eu hunain, darllenwch y polisi ar gyfer gweithio yn yr awyr agored a gwnewch yn siŵr nad oes unrhyw blanhigion niweidiol yn yr ardal.

Ar gyfer y gweithgaredd hwn, byddai dangos enghraifft o ardd rew rydych eisoes wedi'i gwneud yn fan cychwyn da. Mae hyn yn eu helpu i feddwl am beth allai fod yn eu gardd nhw. Rhowch gyfle iddyn nhw siarad gyda'i gilydd am beth maen nhw'n gallu'i weld a sut gallech fod wedi creu'r ardd rew.

Wrth iddyn nhw ddewis eu samplau ar eu pen eu hunain, dyma'r amser delfrydol i drafod yr hyn sy'n debyg ac yn wahanol rhwng y blodau, y ffrwythau a'r dail – ystyriwch liw, siâp, nifer y petalau, hadau, ac ati. Manteisiwch ar y cyfle i ymarfer cyfrif neu lunio graffiau hefyd drwy edrych faint o wahanol ddail neu flodau a ddefnyddir.

Ar ôl ychwanegu dŵr at y cynwysyddion, bydd y plant yn gweld y cynnwys yn arnofio yn yr hylif – trafodwch y broblem o sut i gael y dail a'r blodau y tu mewn i'r rhew.

Rhowch y cynwysyddion yn y rhewgell am tua dwy awr a dangoswch y canlyniadau i'r plant. Maen nhw'n gallu gweld erbyn hyn, os nad oedden nhw eisoes wedi sylweddoli, bod modd rhoi ail haen o ddŵr dros y cynnwys a'i rewi eto.

Rhowch gyfle i'r plant arsylwi a chofnodi'r gerddi rhew (drwy baentio neu arlunio) wrth iddyn nhw ymdoddi.

Cwestiynau allweddol

Yn y gweithgaredd hwn, bydd plant yn cael y cyfle i:

- ✓ ddysgu am bethau byw ac adnabod eu nodweddion (e.e. dail, blodau a ffrwythau)
- ✓ archwilio a disgrifio sut mae dŵr yn cael ei newid drwy oeri ac archwilio rhewi ac ymdoddi
- ✓ defnyddio ac archwilio ystyr geirfa allweddol – **arnofio, suddo, rhewi, ymdoddi, planhigion, blodau, petalau, dail, ffrwythau, aeron**
- ✓ arsylwi beth mae defnyddiau yn ei wneud
- ✓ disgrifio'r hyn sy'n debyg ac yn wahanol
- ✓ cydnabod bod peryglon yn gysylltiedig â phethau byw.

Gallen nhw wneud hyn drwy:

- ✓ gasglu a dewis defnyddiau planhigion a chreu gardd rew
- ✓ arsylwi ar beth sy'n digwydd wrth i'r dŵr rewi
- ✓ arsylwi ar y newid wrth i'r rhew ymdoddi
- ✓ **dilyniannu** neu greu **cyfres o gyfarwyddiadau** ar gyfer gwneud gardd rew
- ✓ **grwpio** defnyddiau naturiol a gwneuthuredig.

Dylech weld tystiolaeth o'u meddwl a'u dysgu o ran:

- ✓ sut maen nhw'n ymateb i gwestiynau
- ✓ beth maen nhw'n ei arsylwi ac yn ei adnabod wrth iddyn nhw gasglu eu planhigion
- ✓ sut maen nhw'n paratoi i wneud eu gardd gyda'u partner
- ✓ beth maen nhw'n ei ddweud am eu gerddi ar ôl eu cwblhau a'u lluniau o'r ardd yn ymdoddi
- ✓ eu **dilyniant** neu eu **cyfarwyddiadau** ar gyfer creu gardd rew
- ✓ sut maen nhw'n **didoli** defnyddiau naturiol a gwneuthuredig
- ✓ sut maen nhw'n cymryd rhan yn y gweithgaredd
- ✓ faint maen nhw'n gallu ei wneud heb gymorth.

Beth fydd plant yn ei wneud a'i ddweud

"Mae'r lliwiau yn llachar iawn wrth i mi ddisgleirio'r golau drwy fy ngardd rew."

"Mae fy nail y tu mewn i'r rhew."

"Faint o amser fydd fy ngardd yn ei gymryd i ymdoddi?"

Ymestyn y gweithgaredd

Gallwch greu cyfres o luniau a geiriau cyn dangos yr holl broses o greu gardd rew hyd at yr adeg pan mae'n ymdoddi. Gofynnwch i'r plant weithio mewn parau i weld a ydyn nhw'n gallu rhoi'r lluniau yn y dilyniant cywir cyn ychwanegu'r geiriau i egluro beth sy'n digwydd. A yw edrych ar y gerddi rhew yn eu helpu i gofio'r dilyniant? Sut byddai'r dull 'Paru, rhannu, cymharu' o gymorth?

DS Mae rhagor o luniau ar gael ar y CD.

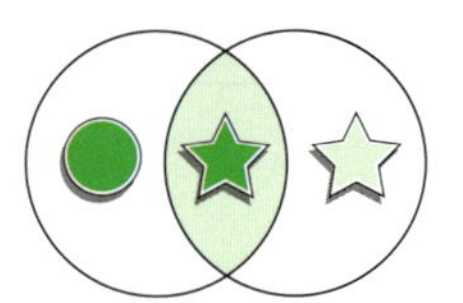

Llunio rhestr o gyfarwyddiadau

Gall y plant weithio mewn parau i lunio rhestr o gyfarwyddiadau i helpu dosbarth arall wneud gerddi rhew hefyd. A ydyn nhw'n cofio bod angen i'r blodau a'r dail fod yng nghanol y rhew? A ydyn nhw'n atgoffa'r plant eraill i wylio a chofnodi wrth i'r rhew ymdoddi? A yw edrych ar y gerddi rhew unwaith eto yn eu helpu i lunio'r cyfarwyddiadau? A fyddai'r dull 'Paru, rhannu, cymharu' o gymorth?

Dosbarthu a grwpio

Casglwch amrywiaeth o ddefnyddiau naturiol a gwneuthuredig. Dywedwch wrth y plant fod angen iddyn nhw benderfynu pa bethau sy'n cael bod yn rhan o'r ardd rew. Atgoffwch nhw mai dim ond pethau naturiol sy'n cael bod yn yr ardd. Rhowch gyfle iddyn nhw gydweithio mewn parau neu grwpiau bach i benderfynu pa bethau sy'n mynd i'r ardd a pha rai sydd ddim. Sut bydden nhw'n cael cadarnhad os nad ydyn nhw'n siŵr? A fyddai defnyddio dull 'Ffonio ffrind' o gymorth er mwyn gofyn i rywun arall am eu barn?

Creu awyrgylch cefnogol: Amser meddwl a Phartneriaid trafod

Dyma gyfle gwych i helpu plant i fagu hyder wrth ateb cwestiynau drwy roi amser meddwl iddyn nhw a gadael iddyn nhw weithio gyda phartneriaid trafod.

Gofynnwch i'r dosbarth, "Edrychwch yn ofalus ac yn dawel ar fy Ngardd Rew ar eich pen eich hun. Meddyliwch am beth allwch ei weld. Dw i'n mynd i'w chuddio mewn munud er mwyn i chi allu **trafod gyda'ch partner** i weld faint fedrwch chi ei gofio amdani."

"Meddyliwch ar eich pen eich hun am funud ac yna ewch i **drafod gyda'ch partner** i benderfynu sut i wneud Gardd Rew fel yr un a ddangosais i chi."

"Nawr eich bod wedi casglu eich holl blanhigion a dail, fedrwch chi **ddweud wrthyf i beth mae eich partner yn bwriadu** ei roi yn ei gardd?"

"Beth am geisio rhoi dail mewn cynhwysydd llawn dŵr. Mae'r dail yn arnofio … sut gallwn wneud yn siŵr bod y rhew yn gorchuddio'r dail? Meddyliwch am y cwestiynau hyn ar eich pen eich hun ac wedyn **ewch i gael sgwrs gyda'ch partner trafod** am beth rydych wedi'i benderfynu."

BAGIAU HWYL

16

Beth yw hwn?

Mae nifer o eitemau diddorol yn cael eu rhoi mewn sgwâr mawr o ffabrig. Mae'r plant yn agor ac yn archwilio eu parsel ac yn trafod yr hyn sy'n debyg ac yn wahanol rhwng y gwrthrychau sydd y tu mewn. Gall yr eitemau sydd y tu mewn fod yn berthnasol ar gyfer eich pwnc gwyddoniaeth dan sylw, e.e. magnetau, gwthio a thynnu, cadw'n gynnes, goleuni a thywyllwch, ac ati. Fel arall, gallech ddefnyddio'r gweithgaredd i hyrwyddo gwaith arsylwi a thrafod yn unig drwy gynnwys detholiad o wrthrychau ar hap.

Cychwyn arni

- ☐ Casglwch sawl sgwâr o ffabrig – mae hen sgarffiau wedi bod yn ffynhonnell liwgar a defnyddiol i mi.
- ☐ Rhowch ddetholiad o eitemau yng nghanol pob sgwâr o ffabrig.
- ☐ Codwch y pedair cornel a'u rhoi yng nghanol pob sgwâr o ffabrig a'u cau gyda band rwber neu fand gwallt (gweler y ffotograff).

Gall eitemau symbylol gynnwys: hen ffonau symudol; gwahanol ffrwythau (wedi'u golchi); cerrig mân, pethau sy'n ymestyn; anifeiliaid wedi'u gwneud o wahanol ddefnyddiau; ffasneri a photeli bach o hylif (siampŵ, swigod baddon, ac ati) – fel y rhai a gewch am ddim mewn gwestai.

Sut i'w ddefnyddio?

Y ffordd orau o ddefnyddio'r bagiau hyn yw drwy greu teimlad o gyffro a dirgelwch. Rydych wedi dod o hyd i'r bag ac nid ydych yn gwybod beth sydd ynddo. Mae'r plant yn ffodus iawn gan eu bod yn gallu cael cip y tu mewn ac archwilio beth sydd yno. Rhowch fag i bob grŵp o bedwar, gofynnwch iddyn nhw ei agor ac edrych yn ofalus ar yr eitemau sydd y tu mewn. Gallen nhw afael yn yr eitemau ond efallai y bydd angen eu hatgoffa i fod yn ofalus gyda'r hylifau neu unrhyw beth a allai dorri.

Mae'n bwysig eu bod yn cael digon o amser i archwilio a siarad gyda'i gilydd am beth sydd y tu mewn i'r bagiau. Eu gadael ar eu pen eu hunain am gyfnod fyddai orau cyn ceisio arwain eu harchwiliadau a'u harsylwadau at feysydd penodol drwy ofyn cwestiynau. Yn gyntaf, maen nhw'n nodi rhywbeth sy'n gyffredin rhwng pob eitem – rhywbeth sy'n debyg. Wedyn, maen nhw'n edrych am rywbeth sy'n wahanol am eitemau penodol.

Ceisiwch annog iaith greadigol ac awgrymiadau dychmygus ar gyfer sut mae'r eitemau wedi'u cysylltu. Gallwch ymestyn y gweithgaredd drwy ofyn i bob grŵp ysgrifennu syniadau y gellir eu rhannu gyda'r grŵp nesaf. Pan mae'r grwpiau sy'n weddill yn archwilio'r cynnwys, rhaid iddyn nhw geisio canfod nodweddion eraill sy'n debyg neu'n wahanol.

Cwestiynau allweddol

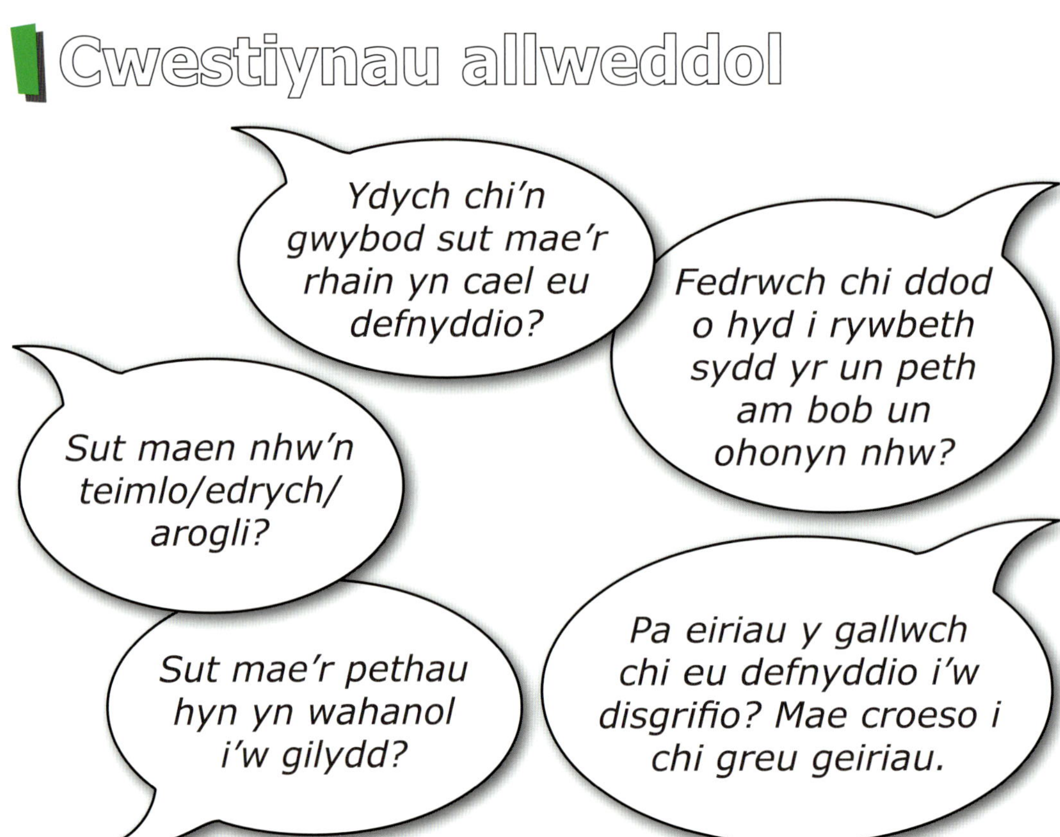

Chwilio am dystiolaeth o feddwl a dysgu

Yn y gweithgaredd hwn, bydd plant yn cael y cyfle i:

- ✓ ddefnyddio iaith i ddisgrifio nodweddion syml y gwrthrychau
- ✓ defnyddio ac archwilio ystyr geirfa allweddol – **tebyg**, **gwahanol**, **arogleuon**, **synau**, **teimlo**, **gweld**, **cyffwrdd**, **clywed**
- ✓ defnyddio eu synhwyrau i archwilio'r hyn sy'n debyg ac yn wahanol
- ✓ gwneud cymariaethau syml
- ✓ egluro eu dewisiadau
- ✓ defnyddio syniadau creadigol i greu stori ddychmygus
- ✓ gweithio mewn grwpiau er mwyn dod i gytundeb.

Gallen nhw wneud hyn drwy:

- ✓ archwilio casgliadau o wrthrychau mewn bagiau
- ✓ chwilio am bethau sy'n debyg ac yn wahanol a **chymharu a chyferbynnu** eitemau
- ✓ **nodi'r un sy'n wahanol**
- ✓ **creu stori** sy'n cynnwys cynifer o'r eitemau â phosibl.

Dylech weld tystiolaeth o'u meddwl a'u dysgu o ran:

- ✓ sut maen nhw'n ymateb i gwestiynau
- ✓ yr iaith maen nhw'n ei defnyddio i ddisgrifio'r gwrthrychau
- ✓ y pethau tebyg a'r pethau gwahanol maen nhw'n dod o hyd iddyn nhw a sut maen nhw'n **cymharu a chyferbynnu** eitemau
- ✓ sut maen nhw'n trafod syniadau gyda'u cyd-ddisgyblion
- ✓ sut maen nhw'n defnyddio eu syniadau mewn **stori**
- ✓ sut maen nhw'n cyfiawnhau eu dewisiadau neu'n cwblhau gweithgaredd **nodi'r un sy'n wahanol**
- ✓ sut maen nhw'n cymryd rhan yn y gweithgaredd
- ✓ faint maen nhw'n gallu ei wneud heb gymorth.

"Mae'r rhain i gyd yr un peth achos bydden ni'n eu rhoi ar goeden Nadolig."

"Ond maen nhw'n wahanol hefyd achos mae rhai wedi'u gwneud o bren ac mae rhai yn wlanog ac wedi'u gwau."

"Dw i wrth fy modd gyda ffonau symudol!"

Ymestyn y gweithgaredd

Os byddwch yn dewis yr eitemau'n ofalus, byddwch yn cynnwys rhai sydd yr un peth ond hefyd yn wahanol! Er enghraifft, pum ffôn symudol ond dim ond un sy'n agor yn y tu blaen, neu hen ffôn sy'n llawer mwy o faint; anifeiliaid gyda chroen patrymog ac un anifail â chroen plaen; nifer o eitemau ysgwyd sy'n gallu gwneud llawer o sŵn, ond un sy'n eithaf distaw; ac ati.

Rhaid i'r plant egluro pam mae eitem yn wahanol i'r gweddill. Gall plant gynnig rhesymau annisgwyl. Mae hyn i gyd yn rhan o'u hannog i feddwl yn greadigol. Os yw plant yn cael trafferth meddwl am syniadau gwahanol, a fyddai rhoi enghraifft iddyn nhw yn eu helpu i feddwl yn fwy creadigol am briodweddau'r gwrthrychau yn eu bagiau?

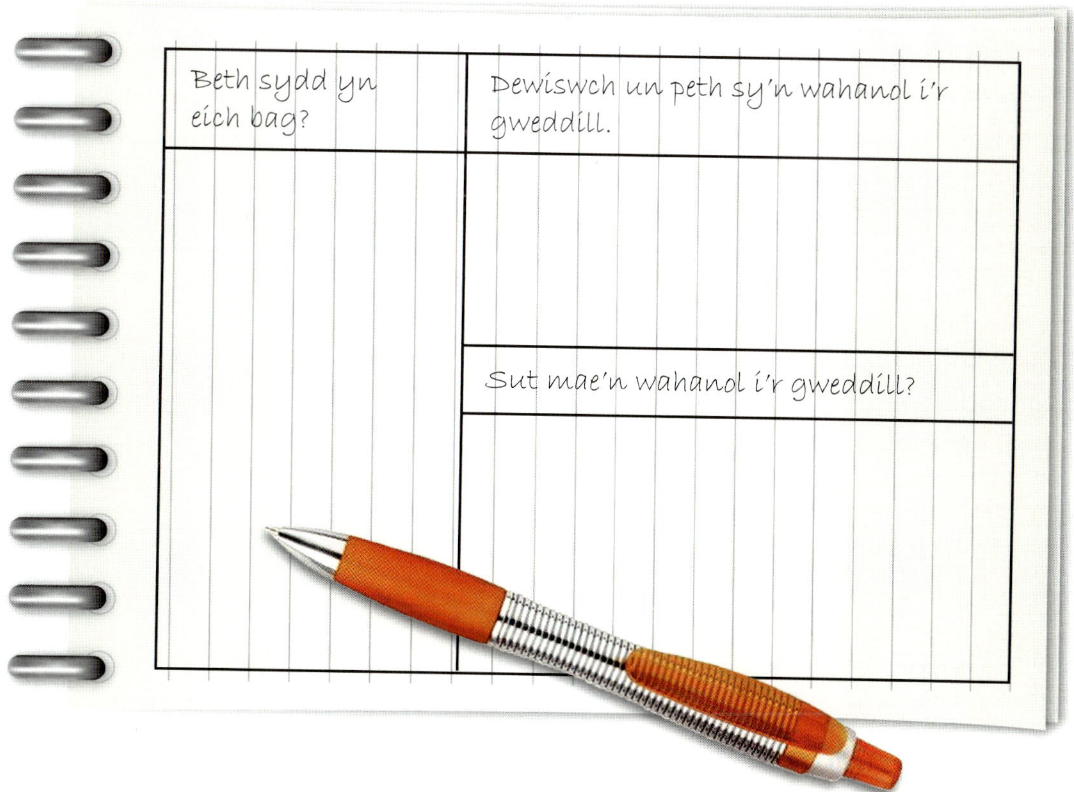

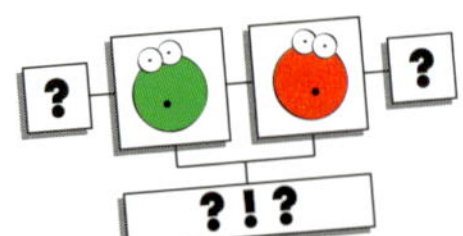

Cymharu a chyferbynnu

Bydd bagiau sydd ag amrywiaeth o wrthrychau digyswllt yr olwg yn cynnig llawer o gyfleoedd i'r plant gymharu a chyferbynnu'r defnydd – defnydd, pwysau, siâp, lliw, maint, ac ati. Mae'r plant yn grwpio'r rhain mewn cynifer o ffyrdd â phosibl. Mae her 'nodi'r un sy'n wahanol' hyd yn oed yn fwy diddorol ac anodd gyda bag o wrthrychau cymysg. A yw'r plant yn tueddu i ddefnyddio'r un geiriau i'w disgrifio? A yw cynnig cronfa o eiriau creadigol yn ymestyn eu geirfa?

Creu stori

Rhowch un o'r bagiau i bob pâr o blant a gofynnwch iddyn nhw archwilio'r cynnwys yn ofalus. Ar ôl ychydig funudau, dywedwch wrthyn nhw fod pob eitem yn rhan o stori. Heriwch y parau i greu stori gan gyfeirio at gynifer o'r eitemau â phosibl yn y testun. Rhowch amser penodedig iddyn nhw wneud hyn neu gall gymryd y rhan fwyaf o'r dydd! Gall parau gyfnewid bagiau a chreu rhagor o storïau os oes amser i wneud hynny. Bydd cymharu'r canlyniadau yn dangos amrywiaeth o sefyllfaoedd ar gyfer pob un o'r bagiau.

Gallech hefyd roi dechrau brawddegau iddyn nhw a gadael i bob pâr feddwl sut bydd yn gorffen gan ddefnyddio eu gwrthrych. Wedyn, rhaid iddyn nhw ychwanegu brawddeg arall i ddweud beth ddigwyddodd nesaf. Dewiswch y darnau dechreuol i gyd-fynd â'r gwrthrych a roddwyd iddyn nhw.

Er enghraifft:
Roedden ni'n cerdded lawr y stryd pan … (ganodd ffôn symudol fy mam. Agorodd gaead y ffôn, roedd cawod o sêr a hedfanodd aderyn lliwgar i'r awyr uwchben …)

Yn syth ar ôl i mi ddeffro … (gwelais anifail smotiog yng nghornel fy ystafell. Edrychodd arna i gan bwyntio at fwlch bychan yn y llawr gyda'i goes flaen …)

Roedd cnoc ar y drws ac yna … (sŵn rhuglo a chrafu enfawr. Agorais y drws i weld blwch coch bach iawn ar garreg y drws …)

A yw'r plant yn cael trafferth meddwl am syniadau? A yw rhoi enghraifft o sut i gwblhau brawddeg yn eu helpu? A yw'r dull 'Paru, rhannu, cymharu' yn helpu i greu syniadau newydd?

DIDOLI DEFNYDDIAU

17

Beth yw hwn?

Mae'r gweithgaredd hwn yn ymwneud â phlant yn didoli amrywiaeth o ddefnyddiau – pren, plastig, metel, gwydr – yn grwpiau. Mae'n herio'r plant i ystyried amrywiaeth o wrthrychau, adnabod o beth mae'r defnyddiau wedi cael eu gwneud a thrafod sut gellir eu didoli os ydyn nhw wedi cael eu gwneud o fwy nag un defnydd.

Cychwyn arni

- ☐ Casglwch wrthrychau sydd wedi'u gwneud o un defnydd yn unig. Dewiswch ddefnyddiau cyffredin fel coed, plastig, metel, papur, gwydr, ac ati.
- ☐ Dewch o hyd i sawl gwrthrych sydd wedi'u gwneud o ddau ddefnydd neu ragor.
- ☐ Cuddiwch y defnyddiau mewn blwch neu rhowch nhw o dan orchudd fel nad yw'r plant yn gallu eu gweld.
- ☐ Rhowch nifer o gylchoedd ar y llawr. Bydd angen cylch ar gyfer pob math o ddefnydd a ddefnyddiwyd i greu'r gwrthrychau.

Darllenwch bolisi'r ysgol ynglŷn â defnyddio gwydr. Os byddwch yn defnyddio gwydr, cliriwch unrhyw wydr sy'n torri ar unwaith i osgoi anaf.

Gofynnwch i'r plant ddewis partner trafod (neu sibrwd).

Dywedwch wrth y dosbarth nad ydych am ddweud wrthyn nhw beth sy'n digwydd ond eich bod eisiau iddyn nhw wylio'n ofalus iawn a cheisio meddwl beth rydych yn ei wneud. Gall y plant sibrwd wrth eu partneriaid cyn gynted â'u bod yn meddwl eu bod yn gwybod beth sy'n digwydd ond nid ydyn nhw'n cael dweud wrth unrhyw un arall.

Dechreuwch drwy osod gwrthrych plastig mewn un cylch, ac yna gwrthrych pren mewn cylch arall, ac ati. Parhewch i wneud hyn nes bod gennych rywfaint o eitemau ym mhob cylch. Os ydych yn meddwl bod nifer o'r plant wedi deall beth sy'n digwydd, ceisiwch ddal gwrthrych i fyny ac edrych yn ddryslyd ynghylch ble ddylai fynd. Paratowch labeli mawr ymlaen llaw i'w rhoi ar bob cylch – PLASTIG, METEL, GWYDR, PREN, ac ati.

Ceisiwch roi gwrthrych yn y cylch anghywir i weld a ydyn nhw'n sylwi. Fel arfer, maen nhw'n ebychu ac yn tynnu sylw at 'gamgymeriad' eu hathro/ athrawes! Nawr, ceisiwch ddal gwrthrych i fyny sydd wedi'i wneud o ddau ddefnydd fel fforc sydd wedi'i gwneud o bren a metel, neu finiwr plastig a metel. Edrychwch yn ddryslyd neu dywedwch "O na! Ble galla i roi hwn?"

Gall y plant siarad gyda'u partneriaid er mwyn meddwl am ateb. Os ydyn nhw wedi gweld diagramau Venn, bydd rhywun fel arfer yn awgrymu y byddai gorgyffwrdd dau o'r cylchoedd yn datrys y broblem. Os nad yw hynny'n digwydd, gweithiwch drwy'r broblem gyda'r plant i'w helpu nhw i weld sut y gall cylchoedd sy'n gorgyffwrdd fod o gymorth.

Chwilio am dystiolaeth o feddwl a dysgu

Yn y gweithgaredd hwn, bydd plant yn cael y cyfle i:

- ✓ ddysgu am briodweddau defnyddiau a'u gwahanol gymwysiadau
- ✓ dysgu enwau defnyddiau
- ✓ defnyddio ac archwilio ystyr geirfa allweddol – mathau o ddefnyddiau, e.e. **gwydr**, **metel**, **pren**, **plastig**, priodweddau defnyddiau – **hyblyg**, **solid**, **tryloyw**
- ✓ siarad gyda chyd-ddisgybl i egluro eu syniadau a datrys problemau
- ✓ creu grwpiau o wrthrychau gyda nodweddion tebyg
- ✓ deall sut mae diagram Venn yn ddefnyddiol wrth ddidoli
- ✓ adnabod pethau sy'n debyg ac yn wahanol.

Gallen nhw wneud hyn drwy:

- ✓ weithio gyda phartner i ddidoli gwrthrychau yn ôl eu priodweddau
- ✓ didoli gwrthrychau sydd wedi'u gwneud gyda mwy nag un defnydd
- ✓ defnyddio diagram Venn i ddidoli gwrthrychau
- ✓ ystyried beth sy'n debyg ac yn wahanol rhwng defnyddiau wrth geisio **nodi'r un sy'n wahanol**
- ✓ **cymharu a chyferbynnu** defnyddiau a llunio **rhestr** o ddefnyddiau a enwyd.

Dylech weld tystiolaeth o'u meddwl a'u dysgu o ran:

- ✓ sut maen nhw'n ymateb i'ch cwestiynau
- ✓ y ffordd maen nhw'n siarad gyda'i gilydd a'r syniadau maen nhw'n eu cynnig
- ✓ sut maen nhw'n adnabod ac yn enwi gwahanol ddefnyddiau
- ✓ sut maen nhw'n didoli gwrthrychau drwy ddefnyddio diagram Venn
- ✓ y rhesymau maen nhw'n eu rhoi wrth **nodi'r un sy'n wahanol**
- ✓ beth maen nhw'n ei ddweud wrth **gymharu a chyferbynnu**'r defnyddiau
- ✓ yr eitemau maen nhw'n eu cynnwys yn eu **rhestr** o wrthrychau
- ✓ sut maen nhw'n cymryd rhan yn y gweithgaredd
- ✓ faint maen nhw'n gallu ei wneud heb gymorth.

"Mae hwn yn fetel ac yn bren. Fedrwn ni ei roi rhwng y cylchoedd?"

"Dw i'n gallu gweld trwy bopeth sydd wedi'i wneud o wydr."

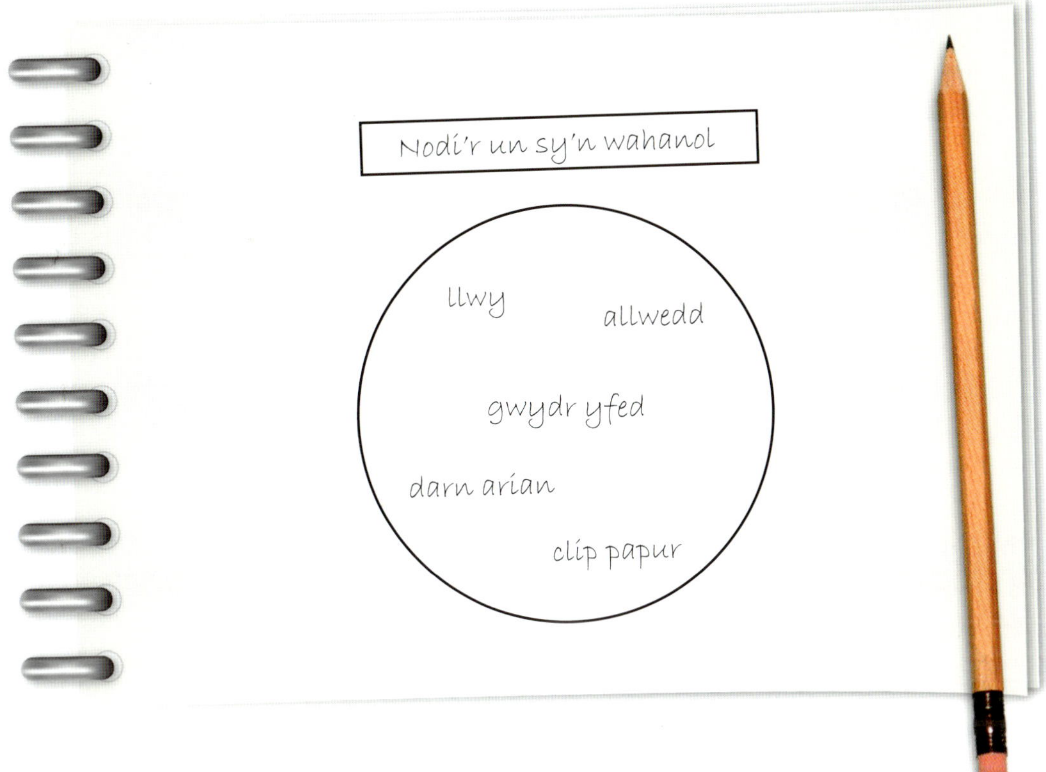

Rhowch gyfres o eitemau metel ac un sydd wedi'i wneud o wydr mewn cylch. Gofynnwch i'r plant siarad am beth rydych chi'n ei wneud. Mae plant yn sylwi ar yr un sy'n wahanol yn gyflym iawn, fel arfer. Anogwch nhw i egluro pam y mae'n wahanol. Gofynnwch i grwpiau baratoi gweithgaredd nodi'r un sy'n wahanol ar gyfer gweddill y dosbarth. Helpwch y plant i sylweddoli y gall rhywbeth fod yn wahanol i'r gweddill am sawl rheswm.

Defnyddiwch y strategaeth 'Pasio'r parsel'. Gofynnwch i un pâr feddwl am eitem sydd wedi'i wneud o ddefnydd yr ydych chi wedi'i ddewis. Maen nhw'n dewis pâr arall sy'n mynd ati i wneud yr un peth. Pan fyddwch chi'n dweud "Nodi'r un sy'n wahanol", bydd rhaid i'r pâr nesaf ganfod gwrthrych sydd wedi'i wneud o ddefnydd gwahanol. A yw rhai o'r plant yn cael trafferth nodi'r un sy'n wahanol? A fydd mwy o brofiad o ddidoli a grwpio eitemau yn eu helpu?

Llunio rhestr

Dangoswch nifer o wrthrychau i'r plant, gan gynnwys rhai sydd wedi'u gwneud o un defnydd (e.e. darn arian) a rhai sydd â dau fath (e.e. siswrn metel gyda dolenni plastig). Gwahoddwch y plant i siarad gyda'i gilydd i lunio rhestr o ddeg gwrthrych sydd wedi'u gwneud o un defnydd yn unig. Gallen nhw fynd ati wedyn i lunio rhestr o ddeg gwrthrych sydd wedi'u gwneud o ddau fath gwahanol o ddefnydd. Bydd plant mwy aeddfed yn mwynhau'r her o ganfod gwrthrychau sydd wedi'u gwneud o dri, pedwar neu ragor o ddefnyddiau (e.e. esgid, lamp darllen, ac ati).

A yw rhai plant yn cael trafferth adnabod y defnyddiau? A fyddai'n ddefnyddiol gadael iddyn nhw greu arddangosfa o ddefnyddiau neu adael iddyn nhw chwarae mwy o gemau didoli?

Cymharu a chyferbynnu

Wrth i'r plant ddidoli'r gwrthrychau yn ôl defnydd eu gwneuthuriad, gallwch eu hannog i gymharu a chyferbynnu'r eitemau a nodi'r gwahaniaethau maen nhw'n gallu eu gweld.

Gellir defnyddio trefnydd graffeg syml i gymharu a chyferbynnu llwy fetel a gwydr yfed o ran disgleirdeb, tryloywder, defnydd, siâp, ac ati. Gallwch fynd ati yn y lle cyntaf drwy roi un enghraifft i'r plant o sut maen nhw'n wahanol. Ar ôl cael rhestr o wahaniaethau, gallwch annog y plant i nodi rhai o'r ffyrdd y mae'r eitemau yr un peth (e.e. mae'r ddwy eitem yn galed ac yn drwm).

A yw rhai o'r plant yn ansicr ynghylch sut i gymharu gwrthrychau? A fyddai meddwl gyda'i gilydd o gymorth i greu cronfa eiriau am amrywiaeth eang o briodweddau'r defnyddiau hyn?

18

RASYS HYLIF

Beth yw hwn?

Mae'r plant yn rasio hylifau bob dydd i lawr llethr llyfn ac yn gwylio'r gwahaniaethau o ran eu symudiadau a'u cyflymder. Maen nhw'n ceisio rhagfynegi pa hylif fydd yn ennill a pham. Gallwch gysylltu hyn â **Gweithgaredd 2, Swigod**.

Cychwyn arni

- Casglwch hylifau o wahanol drwch fel dŵr, saws coch, olew llysiau, siampŵ, swigod baddon, syryp, ac ati.
- Paratowch 'drac rasio' gan ddefnyddio defnydd nad yw'n amsugno fel cynhwysydd neu ddalen lyfn o bersbecs, plastig neu fetel. Bydd angen gosod rhywbeth fel bricsen neu flwch ar y trac i'w ddal i fyny ar un pen.
- Gosodwch stribed denau o dâp ar y dechrau ac ar y diwedd i nodi ble mae'r ras yn dechrau ac yn gorffen.
- Casglwch gyfres o lwyau unfath – un ar gyfer pob hylif.

Gwnewch yn siŵr bod digon o dywelion papur neu sbyngau ar gael i glirio unrhyw hylif sy'n cael ei ollwng. Rhybuddiwch y plant i beidio â blasu unrhyw rai o'r hylifau.

Trafodwch y gwahanol hylifau gyda'r plant. Os yw'n bosibl, gadewch iddyn nhw deimlo pob hylif neu eu tywallt/arllwys, neu eu troi, fel yng **Ngweithgaredd 2**, **Swigod**. Rhowch gyfle iddyn nhw siarad gyda'u partner am sut mae'r hylifau yn teimlo a beth maen nhw'n ei feddwl yw pob un. Anogwch nhw i rannu syniadau.

Dywedwch wrthyn nhw eich bod eisiau rasio'r hylifau i lawr allt i weld pa un fydd yn symud gyflymaf ac yn cyrraedd y llinell orffen gyntaf. Rhowch gyfle iddyn nhw siarad gyda'i gilydd am beth maen nhw'n rhagweld fydd yn digwydd cyn i'r ras ddechrau. Pa hylif fydd gyflymaf? Pa hylifau fydd yn ail/trydydd/pedwerydd?

Pan fyddwch yn barod, rhowch faint penodol o hylif wrth y llinell ddechrau. Wedyn, codwch a gwyrwch y cynhwysydd a'i bwyso ar rywbeth fel llyfr mawr neu fricsen i greu ramp. Anogwch nhw i siarad am beth ddigwyddodd a pham (gweler 'Arsylwi, rhagfynegi, arsylwi, egluro' ar ddiwedd yr adran hon). Os byddwch yn rhoi'r hylifau mewn oergell am hanner awr a rhoi cynnig arall ar y ras, bydd hyn yn tewhau rhai o'r hylifau a gall roi rhai canlyniadau annisgwyl.

Dw i hefyd wedi cynnal y gweithgaredd hwn drwy roi maint llwy de o wahanol hylifau ar waelod tiwbiau profi mawr plastig (gweler Adnoddau), cyn gofyn i rai o'r plant droi'r tiwbiau ben i waered ar yr un pryd i weld beth sy'n digwydd.

Cwestiynau allweddol

Chwilio am dystiolaeth o feddwl a dysgu

Yn y gweithgaredd hwn, bydd plant yn cael y cyfle i:

- ✓ archwilio a disgrifio priodweddau gweladwy hylifau cyffredin
- ✓ archwilio a disgrifio sut mae hylifau yn newid wrth iddyn nhw oeri
- ✓ defnyddio ac archwilio ystyr geirfa allweddol – **hylif, llif, trwch, pa mor rhedegog, arafaf, cyflymaf**
- ✓ gwneud cymariaethau syml
- ✓ grwpio a dosbarthu defnyddiau cyffredin
- ✓ cymharu beth ddigwyddodd â'r hyn roedden nhw'n ei ddisgwyl.

Gallen nhw wneud hyn drwy:

- ✓ droi neu gyffwrdd amrywiaeth o hylifau cyffredin
- ✓ **rhagfynegi, arsylwi ac egluro** beth sy'n digwydd wrth rasio'r hylifau yn erbyn ei gilydd
- ✓ **cymharu** hylifau cyflym ac araf
- ✓ meddwl am beth mae'r hylifau yn ei wneud drwy ddefnyddio **cardiau brawddegau** a/neu **fapiau cysyniad**.

Dylech weld tystiolaeth o'u meddwl a'u dysgu o ran:

- ✓ sut maen nhw'n ateb cwestiynau
- ✓ y ffordd maen nhw'n disgrifio trwch a chyflymder symudiad gwahanol hylifau
- ✓ unrhyw beth maen nhw'n ei ragfynegi
- ✓ sut maen nhw'n siarad am yr hyn a ddigwyddodd mewn gwirionedd ac yn ei egluro
- ✓ eu tablau **cymharu a chyferbynnu** ar ôl eu cwblhau
- ✓ y syniadau maen nhw'n eu cysylltu â'i gilydd, a pham, wrth ddefnyddio **cardiau brawddegau** a/neu **fapiau cysyniad**
- ✓ sut maen nhw'n cymryd rhan yn y gweithgaredd
- ✓ faint maen nhw'n gallu ei wneud heb gymorth.

Beth fydd plant yn ei wneud a'i ddweud

Ar ddiwedd y gweithgaredd, gall y plant adolygu eu canfyddiadau a chwblhau tabl syml er mwyn trefnu'r hylifau yn ôl cyflymder. Wedyn, gallen nhw hefyd ystyried pa mor drwchus a gludiog a pha liw ydyn nhw, ac ati. Efallai y byddan nhw'n gweld patrwm yn datblygu. Gallen nhw ddweud, "Y syryp melyn oedd yr un arafaf." … fodd bynnag, nid yw hynny'n dweud dim wrthon ni am batrymau. Gallech ofyn, "Pam felly? Ym mha ffordd y mae'r syryp melyn fel yr hylifau eraill a aeth i lawr y ramp yn araf?"

Didolwch yr hylifau o ran y rhai oedd yn gyflym a'r rhai oedd yn araf	
Hylifau cyflym	Hylifau araf
cyflymaf	
	arafaf
Mae hylifau cyflym yn mynd i lawr y ramp yn gyflym oherwydd …	
Byddwch yn gwybod y bydd hylif yn araf os …	

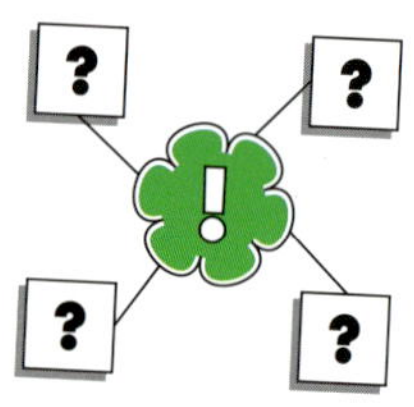

Arsylwi, rhagfynegi, arsylwi, egluro

Bydd hyn yn rhoi cyfle i'r plant feddwl yn fwy trefnus am beth sy'n digwydd ac yn eu hannog i gyfiawnhau eu syniadau. Gadewch iddyn nhw arsylwi pob hylif. Gofynnwch iddyn nhw ragfynegi beth fydd yn digwydd wrth rasio'r hylifau. Gadewch iddyn nhw feddwl ar eu pen eu hunain cyn rhannu eu syniadau gyda phartner trafod. Rasiwch yr hylifau a gofynnwch i'r plant edrych yn ofalus ar beth sy'n digwydd.

Yn olaf, gofynnwch iddyn nhw siarad gyda'u partneriaid am beth ddigwyddodd. Ai hyn oedden nhw wedi'i ddisgwyl a pham? Wedyn, ewch ati i rannu syniadau. A ydyn nhw nawr yn gallu rhoi'r pedwar hylif yn eu trefn ar draws y llethr, fel eu bod yn mynd o'r cyflymaf i'r mwyaf araf wrth eu rasio?

Map cysyniad

Gallech ddefnyddio mapiau cysyniad i roi cynrychiolaeth weledol o beth sydd wedi'i ddarganfod. Yn gyntaf, penderfynwch a ydych eisiau gwneud hyn gyda'r dosbarth cyfan neu ddim ond gyda'r plant sydd fwyaf hyderus yn ysgrifennu.

Crëwch gardiau mawr gyda geiriau neu ymadroddion priodol arnyn nhw. Gellir symud y rhain o gwmpas i gysylltu syniadau, fel "mae syryp melyn yn symud yn araf iawn." A yw rhannu syniadau gyda phâr arall yn eu helpu i egluro eu syniadau?

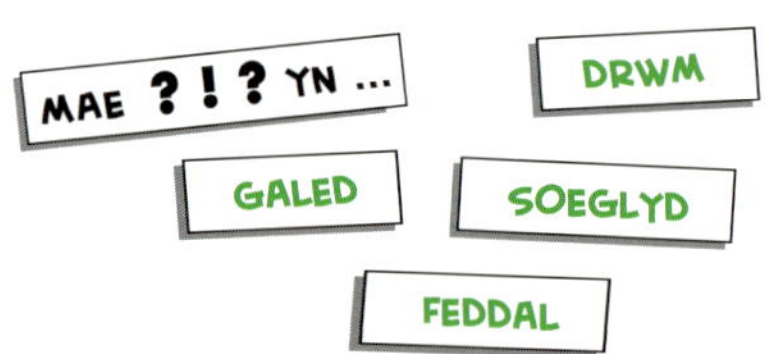

Cardiau brawddegau

Gofynnwch i'r plant aildrefnu'r cardiau i wneud brawddegau synhwyrol. Gallwch wneud hyn mor syml neu mor anodd â'r hyn sy'n briodol i'ch plant. A yw pob plentyn yn gallu defnyddio eu profiadau blaenorol i drefnu'r brawddegau? A fyddai archwilio'r hylifau yn fanylach, neu gael rhywun i ddarllen y cardiau, yn eu helpu?

Roedd y syryp melyn	mor gyflym â'r swigod baddon.
Roedd y dŵr	bron heb symud o gwbl.
Roedd yr hylif golchi llestri	yn symud yn araf iawn.
Roedd y saws coch o'r oergell	yn rhedeg yn gyflymach na'r gweddill i lawr y llethr.

19

LLUNIAU CYFLYM

Beth yw hwn?

Dyma weithgaredd arlunio syml sy'n annog plant i wrando'n astud a disgrifio'n dda ac mae'n ysgogi llawer o gwestiynau penodol.

Gallwch gynnal y gweithgaredd mewn grwpiau bach, parau neu hyd yn oed gyda'r dosbarth cyfan. Mae angen i'r plant naill ai disgrifio'n ofalus neu wrando, gofyn cwestiynau ac yna tynnu llun yn ofalus. Y nod yw gwrando ar wybodaeth gan rywun sy'n disgrifio llun, gofyn cwestiynau os oes angen ac wedyn tynnu llun yn ofalus.

Cychwyn arni

- Casglwch gyfres o ffotograffau. Mae angen i bob un ddangos delwedd glir a syml o anifail. Os yw'n bosibl, ceisiwch gynnwys adar, ymlusgiaid, creaduriaid bach, pysgod, amffibiaid yn ogystal â mamolion mwy cyffredin.
- Mae angen papur a phensil neu greonau pensil ar bob plentyn. Dewiswch ddefnyddiau arlunio sy'n eu galluogi i wneud llinellau manwl.
- Trefnwch y plant fel nad yw'r rhai sy'n arlunio yn gallu gweld y delweddau a ddisgrifir.

Mae un plentyn yn cael gweld y ffotograff. Mae'r plentyn yn enwi ac yn disgrifio'r anifail wrth eu partner neu weddill y grŵp nad ydyn nhw'n gallu gweld y ddelwedd. Gall y plant sy'n arlunio ofyn cwestiynau er mwyn ceisio egluro sut mae'r anifail yn edrych.

Mae plant yn tueddu i fynd ati i arlunio'n ddiymdroi, cyn iddyn nhw wybod yn union beth maen nhw'n ei arlunio. Er enghraifft, a yw'r llun yn dangos yr anifail cyfan neu ran ohono'n unig, a yw'n dangos yr anifail o'r tu blaen neu o'r ochr, a yw'r anifail yn llonydd neu'n symud, ac ati.

Efallai yr hoffech ymarfer y gweithgaredd yn gyntaf gyda'r holl ddosbarth i ddangos pa mor bwysig yw cael disgrifiadau da a chlir. Gallai hon fod yn adeg addas i'w harwain nhw i ddefnyddio sgiliau gwrando a holi da.

Ar ôl iddyn nhw orffen, gallen nhw rannu eu lluniau a siarad am sut y gellir eu gwella. A ofynnon nhw'r cwestiynau cywir?

Cwestiynau allweddol

Chwilio am dystiolaeth o feddwl a dysgu

Yn y gweithgaredd hwn, bydd plant yn cael y cyfle i:

- ✓ ddysgu ac adnabod rhai o nodweddion pethau byw
- ✓ deall swyddogaethau nodweddion gweladwy anifeiliaid
- ✓ defnyddio ac archwilio ystyr geirfa allweddol – rhannau'r corff, e.e. **pen**, **adenydd**, ac ati; maint a safle e.e. **mwy na**, **uwchlaw**, **yn wynebu**
- ✓ meithrin eu sgiliau gwrando
- ✓ defnyddio iaith i egluro syniadau
- ✓ gofyn cwestiynau
- ✓ tynnu llun i ddangos eu dealltwriaeth.

Gallen nhw wneud hyn drwy:

- ✓ wrando ar ddisgrifiad o anifail a thynnu llun o'r anifail
- ✓ gofyn cwestiynau er mwyn gwneud eu lluniau'n fwy cywir
- ✓ cymharu'r llun maen nhw wedi'i dynnu â'r ffotograff yn ogystal â lluniau eu cyd-ddisgyblion
- ✓ cwblhau **trefnydd graffeg** i feddwl am swyddogaethau rhannau o gyrff yr anifeiliaid
- ✓ casglu syniadau ar **fat meddwl**.

Dylech weld tystiolaeth o'u meddwl a'u dysgu o ran:

- ✓ sut maen nhw'n ateb cwestiynau
- ✓ y cwestiynau maen nhw'n eu gofyn i geisio tynnu llun cywir
- ✓ y lluniau maen nhw'n eu cwblhau
- ✓ sut maen nhw'n siarad am eu lluniau
- ✓ yr iaith ddisgrifiadol maen nhw'n ei defnyddio
- ✓ y **trefnydd graffeg** neu'r **mat meddwl** maen nhw'n eu cwblhau
- ✓ sut maen nhw'n ymateb i'r gweithgaredd
- ✓ faint maen nhw'n gallu ei wneud heb gymorth.

Beth fydd plant yn ei wneud a'i ddweud

"Pa ffordd mae'n edrych?"

"Sawl llygad sydd ganddo?"

"Ai babi neu oedolyn yw e?"

"Sut fath o draed sydd ganddo?"

"Pa siâp yw ei big?"

"Ydy e'n dodwy wyau?"

"Ydy e'n dangos plu?"

"Oes ganddo adenydd?"

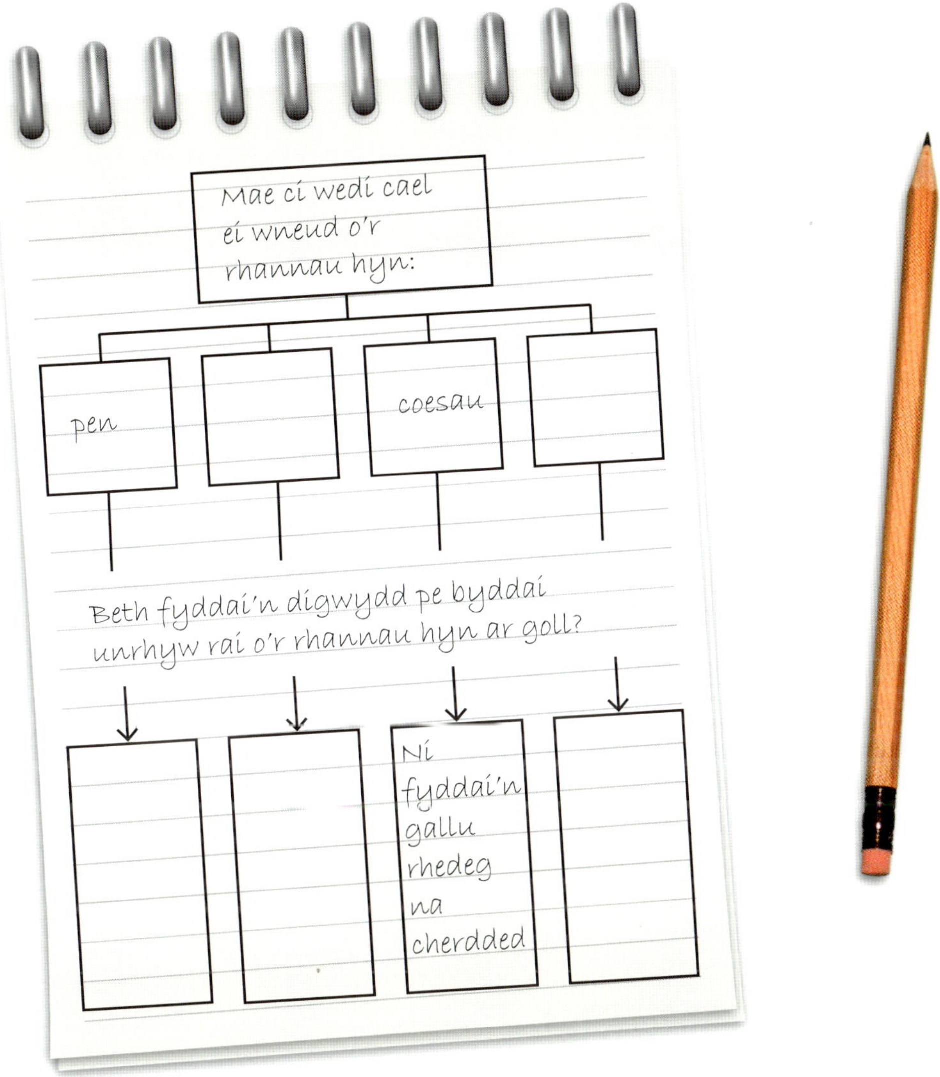

Drwy ddefnyddio trefnydd graffeg syml a baratowyd ymlaen llaw, gall y plant ystyried pwysigrwydd rhai o brif rannau corff anifail a'r goblygiadau i'r anifail pe byddai'r rhan honno ar goll. A yw'r plant yn hyderus ynghylch pwysigrwydd pob rhan? Sut y byddai gwneud mwy o ymchwil, gan ddefnyddio llyfrau neu'r rhyngrwyd, o gymorth?

Cymharu a chyferbynnu

Bydd defnyddio trefnydd graffeg yn eu galluogi i gymharu gwahanol anifeiliaid o ran sut maen nhw'n edrych, sut maen nhw'n symud, beth maen nhw'n ei fwyta, ble maen nhw'n byw, ac ati.

A yw'r plant yn ansicr ynghylch rhai o nodweddion yr anifeiliaid? A fyddai pori trwy lyfrau neu ar y we yn eu helpu i ychwanegu mwy o fanylion at eu trefnydd graffeg?

Y Gadair Boeth

Gellir datblygu'r gweithgaredd hwn ymhellach drwy ofyn i blentyn dynnu ffotograff o anifail penodol. Mae gweddill y dosbarth yn gofyn cwestiynau – hyd at 20 efallai – i weld pa anifail a ddewiswyd.

Fel arall, gyda phlant mwy aeddfed, gallwch roi'r dosbarthiadau mewn grwpiau. Rhaid i bob grŵp lunio rhestr o 'gwestiynau gwych' i weld pa mor gyflym y gall eu grŵp ganfod yr ateb – er enghraifft, "Faint o goesau sydd ganddo?", "Ydy e wedi'i orchuddio â phlu?", "Ble mae'n byw?". A yw'r plant yn cael trafferth meddwl am gwestiynau? A fyddai edrych ar ddetholiad o anifeiliaid yn eu helpu? Beth am egluro'r broses yn gyntaf?

Matiau meddwl

Gellir defnyddio'r gweithgaredd hwn i feithrin dealltwriaeth y plant o'r hyn sydd ei angen ar anifeiliaid i fyw'n iach. (Darllenwch y cyfarwyddiadau am fatiau meddwl yn y cyflwyniad.) Gall y plant ysgrifennu eu syniadau ar eu dalen o bapur eu hunain neu ar fwrdd sychu, naill ai ar ffurf geiriau neu luniau, cyn rhannu beth maen nhw'n ei feddwl. Sut byddai'r dull 'Paru, rhannu, cymharu' o gymorth i feithrin eu syniadau?

Creu amgylchedd cefnogol: Asesu gan gyfoedion

Dyma gyfle delfrydol i weld pa mor dda y gall asesu gan gyfoedion ac adborth weithio os ydynt yn cael eu defnyddio'n ofalus. Gan ddefnyddio'r strategaeth 'Un seren a dymuniad', gall dysgwyr adolygu eu lluniau ei gilydd a disgrifio rhywbeth da am y braslun yn ogystal â rhywbeth y gellir ei wella.

DŴR AR GOLL 20

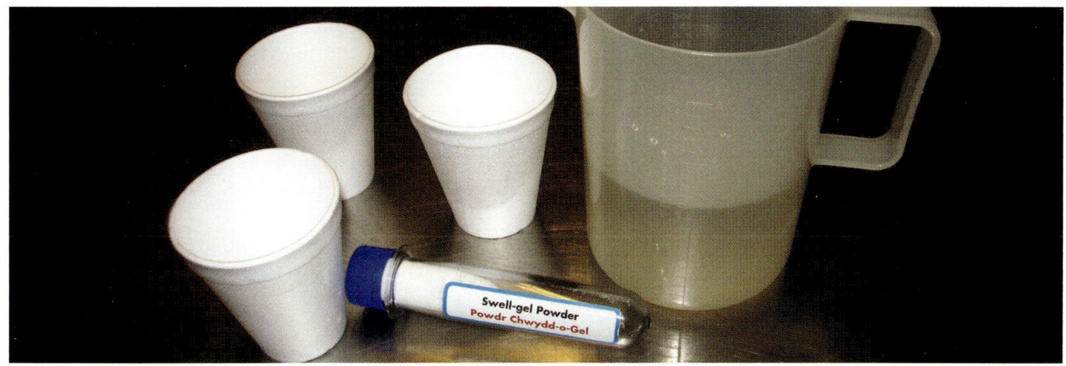

Beth yw hwn?

Mae'r plant yn eich gweld yn tywallt/arllwys dŵr i mewn i gwpan, ond nid yw yno wrth i chi ei droi ben i waered! Mae gronynnau sy'n dal dŵr ar waelod y cwpan yn amsugno llawer o ddŵr yn gyflym. Mae'r plant yn cael eu herio i feddwl am ble aeth y dŵr. Gellir ystyried cysylltiadau â defnyddiau pob dydd ac amsugno dŵr.

Cychwyn arni

- Casglwch gwpanau polystyren gwyn – tri i chi a rhagor i'r plant i wneud eu harchwiliadau eu hunain.
- Rhowch ychydig o ronynnau sy'n dal dŵr (e.e. Chwydd-o-Gel) yng ngwaelod un cwpan. Byddwch yn barod gyda digon o ddŵr i lenwi'r gronynnau neu bydd ychydig o blu eira yn disgyn! Rhowch gynnig ar y gweithgaredd i gael syniad faint o bob dim sydd ei angen.
- Casglwch eitemau y gallai'r plant awgrymu fydd yn dal dŵr, e.e. powdr – blawd, siwgr, powdr talcwm, ac ati – yn ogystal â hancesi papur, tywelion papur, clytiau a sbyngiau, cewynnau tafladwy, tywelion, ac ati.
- Defnyddiwch bowlenni fel nad yw'r dŵr yn tasgu i bob man.

Mae canolfannau garddio yn gwerthu gronynnau sy'n dal dŵr. Darllenwch y cyfarwyddiadau ar y pecyn. Dylai nodi nad yw'n beryglus. Fodd bynnag, gofalwch nad yw'n mynd i'ch llygaid a'ch ceg chi na llygaid a cheg unrhyw blentyn. Os yw hynny'n digwydd, golchwch gyda llawer o ddŵr. Mae'n fwy diogel gwneud rhan gyntaf y gweithgaredd fel enghraifft.

Sut i'w ddefnyddio?

Dangoswch y cwpanau i'r plant ... "Mae gen i dri chwpan gwyn yma sy'n wag." Gan fod y powdr yn wyn, mae fel petai'n 'anweladwy'. Tywalltwch/ arllwyswch ddŵr i mewn i'r cwpan sydd â'r gronynnau sy'n dal dŵr a gofynnwch i'r plant wylio'r cwpan hwn yn ofalus. Symudwch y cwpanau o gwmpas ychydig (fel consuriwr) a gofynnwch iddyn nhw bwyntio at y cwpan gyda'r dŵr. Byddan nhw'n gwneud hyn yn rhwydd!

Ewch drwy'r rigmarôl o droi pob cwpan ben i waered yn eu tro ... "Edrychwch, does dim dŵr yn fan hyn." Ewch at y cwpan olaf a dywedwch, "Mae'n rhaid ei fod yn fan hyn, felly!" ... wrth i chi droi'r cwpan drosodd, bydd y plant yn disgwyl i'r dŵr dywallt/arllwys allan a byddan nhw wedi'u syfrdanu pan nad yw'r dŵr yn dod!

Nawr, gofynnwch iddyn nhw drafod gyda'u partner ble gallai'r dŵr fod wedi mynd. Archwiliwch unrhyw syniadau maen nhw'n eu cynnig os oes modd.

Gall y gweithgaredd hwn arwain at sawl archwiliad (darllenwch y cam dilynol yn nes ymlaen yn yr adran hon). Ar ôl rhywfaint o amser, dangoswch iddyn nhw'r sylwedd sydd fel jeli y tu mewn i'r cwpan a dangoswch iddyn nhw pa mor feddal ydyw drwy wasgu'r defnydd. (Golchwch eich dwylo'n ofalus wedyn.) Gallwch wneud hyn hefyd mewn cynhwysydd tryloyw er mwyn iddyn nhw allu gweld beth sy'n digwydd.

Cwestiynau allweddol

Chwilio am dystiolaeth o feddwl a dysgu

Yn y gweithgaredd hwn, bydd plant yn cael y cyfle i:

- ✓ ddysgu am natur defnyddiau a sut maen nhw'n cael eu defnyddio bob dydd
- ✓ defnyddio ac archwilio ystyr geirfa allweddol – **dŵr**, **hylif**, **amsugno**, **lleithder**, **defnydd**, **cadw**, **gronynnau**
- ✓ trafod problem gyda phartner neu grŵp er mwyn egluro syniadau
- ✓ gofyn cwestiynau a phenderfynu sut y gallen nhw ganfod yr atebion
- ✓ defnyddio profiad uniongyrchol a ffynonellau gwybodaeth i ganfod atebion
- ✓ gwneud cymariaethau syml.

Gallen nhw wneud hyn drwy:

- ✓ wylio dŵr yn cael ei dywallt/arllwys i mewn i gwpan a thrafod pam y mae wedi diflannu yn ôl pob golwg
- ✓ rhoi cynnig ar syniadau i atal dŵr rhag dod allan o gwpan
- ✓ archwilio'r broses amsugno drwy **gymharu a chyferbynnu** gwahanol ddefnyddiau o ran eu hamsugnedd
- ✓ defnyddio **grid GESD** i weld sut y defnyddir defnydd sy'n amsugno yn rhan o fywyd bob dydd.

Dylech weld tystiolaeth o'u meddwl a'u dysgu o ran:

- ✓ sut maen nhw'n ymateb i gwestiynau
- ✓ sut maen nhw'n egluro ac yn ystyried rhesymau posibl dros beth maen nhw wedi'i weld
- ✓ sut maen nhw'n cwblhau ac yn siarad am dabl **cymharu a chyferbynnu**
- ✓ sut maen nhw'n archwilio ac yn dysgu am amsugnedd a sut maen nhw'n cwblhau ac yn siarad am eu **grid GESD**
- ✓ sut maen nhw'n cymryd rhan yn y gweithgaredd
- ✓ faint maen nhw'n gallu ei wneud heb gymorth.

Mae rhywbeth y tu mewn ac mae wedi yfed y dŵr i gyd.
Waw! Dyna beth yw hud a lledrith!
Tric yw e. Mae twll yng ngwaelod y cwpan.

Bydd plant ifanc yn mwynhau archwilio amrywiaeth o wahanol ddefnyddiau a allai, yn eu barn nhw, weithio yn yr un modd â gronynnau sy'n dal dŵr. Dylen nhw allu cynnig eu hawgrymiadau eu hunain. Gallech awgrymu rhai pethau i roi cynnig arnyn nhw, fel blawd, siwgr gwyn, halen, tywod neu ddarnau o hances bapur. Bydd y plant yn cael trafferth meddwl am syniadau eraill os byddwch yn rhoi gormod o ddefnyddiau iddyn nhw.

Athro/athrawes: "Rhowch gynnig ar rai o'r defnyddiau sydd gennym yma. Ychwanegwch ychydig o ddŵr yn unig. Arhoswch am funud cyn troi'r cwpan ben i waered uwchben y cynhwysydd. Beth sy'n digwydd? Dangoswch i mi drwy ddweud, tynnu llun neu ysgrifennu. Fedrwch chi feddwl am rywbeth arall y gallech roi cynnig arno?"

Gall rhai o'r plant fod yn sensitif i bowdr sebon – osgowch hwn neu defnyddiwch bowdr mwyn.

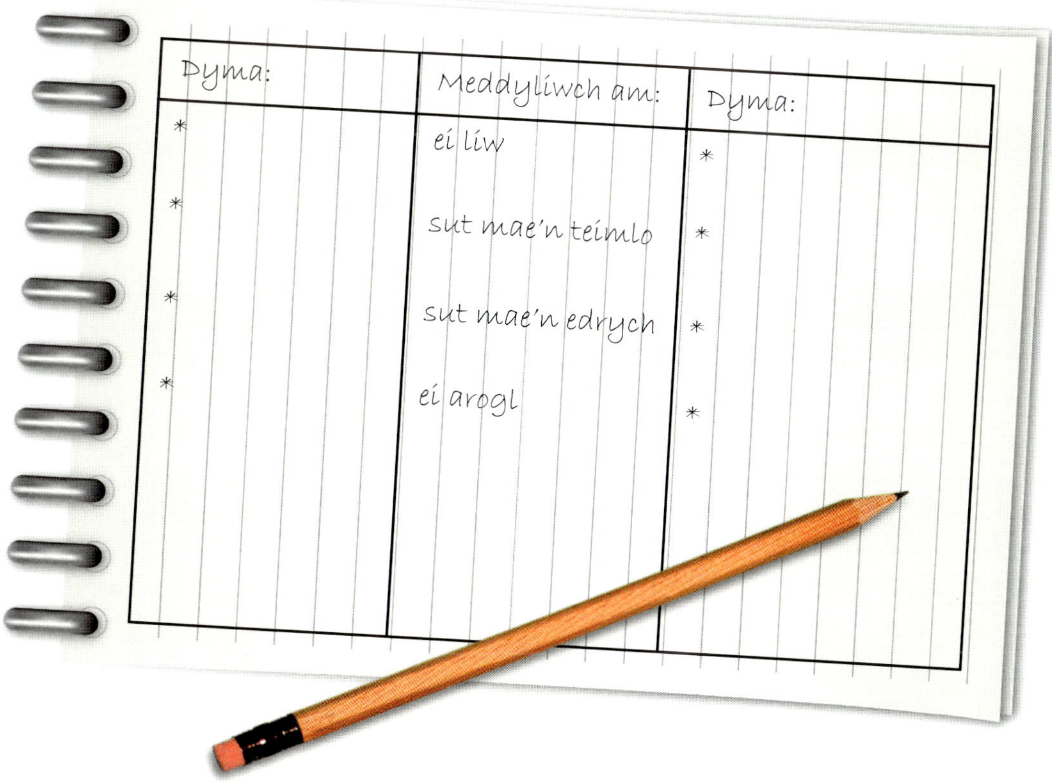

Ymestyn y gweithgaredd (parhad)

Grid GESD

Dangoswch i'r plant faint o ddŵr y gall cewynnau tafladwy ei amsugno. Paratowch res o gwpanau plastig llawn dŵr a gofynnwch iddyn nhw faint ohonyn nhw y gallwch eu tywallt/ arllwys i mewn i'r cewyn cyn i'r dŵr ddechrau gollwng. Os gwnewch hyn yn raddol dros gyfnod o tua hanner awr, gall y cewyn amsugno hyd yn oed rhagor o ddŵr. Mae defnyddiau dal dŵr mewn cewynnau tafladwy. Mae rhai yn debyg i'r gronynnau a ddefnyddir i ddal dŵr mewn cynwysyddion planhigion. Gall hyn arwain at archwiliad mwy cyffredinol ac ymchwil am gewynnau a defnyddiau eraill sy'n amsugno.

Mae enghraifft o grid GESD i'w gweld isod fel man cychwyn. Dylech annog y plant i ychwanegu eu syniadau eu hunain drwy eu hysgrifennu neu drwy drafod, gyda'r oedolyn yn eu hysgrifennu.

Beth ydyn ni'n ei wybod?	Beth ydyn ni eisiau ei wybod?	Sut byddwn ni'n cael gwybod?	Beth ydw i wedi ei ddysgu?

Mae cewynnau tafladwy yn amrywio o ran faint maen nhw'n gallu pydru'n naturiol. Gall cael gwybod rhagor am gewynnau tafladwy a chewynnau golchadwy fod yn her ddiddorol i blant mwy aeddfed.

Camgymeriad bwriadol

Wedi i'r plant roi cynnig ar ychwanegu dŵr at amrywiaeth o wahanol ddefnyddiau (gweler Cymharu a chyferbynnu), dywedwch wrthyn nhw eich bod, yn anffodus, wedi cymysgu eu canlyniadau i gyd. Bydd angen iddyn nhw eich helpu i roi trefn arnyn nhw.

Darllenwch frawddegau fel, "Wrth ychwanegu dŵr at y siwgr gwyn, trodd y dŵr yn wyn." "Wrth ychwanegu dŵr at y blawd, trodd y dŵr yn hylif pinc clir." Mae'r rhan fwyaf ohonyn nhw'n sylwi ar y camgymeriadau bwriadol hyn!

Beth yw hwn?

Mae plant yn gwylio 'Eira Hud'. Dyma bowdr sy'n ehangu wrth gyffwrdd â dŵr. Mae'n edrych yn debyg iawn i eira, ond nid yw hanner mor oer. Fodd bynnag, gall fod mor oer ag eira drwy ei roi yn y rhewgell am gyfnod byr!

Mae'r gweithgaredd hwn yn eich galluogi i fod yn gonsuriwr! Gall y plant archwilio sut mae defnyddiau yn ymddwyn mewn ffyrdd annisgwyl. Mae'n cyd-fynd yn dda â **Gweithgaredd 20, Dŵr ar Goll**, a gall arwain at archwilio poeth ac oer.

Cychwyn arni

- Dewch o hyd i Eira Hud (gweler Adnoddau). Gallwch ei sychu a'i ailddefnyddio. Gwnewch yn siŵr fod gennych ddŵr a chynwysyddion plastig.
- Gan ddibynnu ar eich gweithgaredd dilynol, efallai y bydd angen rhew, hufen iâ neu gynhwysion hufen iâ, rhew wedi'i falu'n fân a/neu ddefnyddiau i wneud clai chwarae, glŵp a llysnafedd (gweler Adnoddau).

Darllenwch y cyfarwyddiadau ar y pecyn. Nid yw Eira Hud yn beryglus, ond atgoffwch y plant i beidio â'i roi yn eu llygaid na'u cegau. Os yw hynny'n digwydd, golchwch gyda llawer o ddŵr.

Efallai na fydd rhai o'r plant erioed wedi gweld eira, nac yn sylweddoli ei fod yn oer iawn. Bydd dangos lluniau o leoedd gyda llawer o eira yn rhoi cyd-destun i'r gweithgaredd hwn.

Rhowch lond llwy de o Eira Hud mewn cynhwysydd plastig tryloyw. "Beth fydd yn digwydd os byddaf yn ychwanegu dŵr?" Gofynnwch iddyn nhw drafod mewn parau neu grwpiau bach. Os ydyn nhw wedi gweld gronynnau sy'n dal dŵr yng **Ngweithgaredd 20, Dŵr Ar Goll**, gallen nhw dybio y bydd yn amsugno'r dŵr. Mae rhai plant yn amau y bydd rhywbeth anarferol yn digwydd ac yn rhagweld pethau'n popio a ffrwydro!

Paratowch gynhwysydd arall gyda 12 llwy fwrdd o ddŵr gerllaw. Chwifiwch hudlath ac adroddwch ychydig linellau o swyngan eira hud fel:

Dyma'r powdr (ysgydwch y powdr) *a dyma'r dŵr* (trowch y dŵr),
Beth fydd yn digwydd, does neb yn siŵr.
Wrth chwifio'r hudlath (chwifiwch eich hudlath a'u cymysgu) *a dweud un, dau, tri*
Bydd eira hud o'n cwmpas ni!

Mae'r plant yn tueddu i fod wedi'u cynhyrfu'n lân ar y dechrau ac yn chwerthin gyda'u ffrindiau. Efallai y bydd angen gwneud hyn am yr eildro er mwyn iddyn nhw wylio'n bwyllog. Pwysleisiwch eich bod eisiau iddyn nhw wylio'n ofalus er mwyn iddyn nhw allu tynnu llun o'r union beth sydd o'u blaen.

Rhowch ddigon o amser i'r plant siarad ac archwilio'r broses o wneud 'eira'. Cymharwch yr 'eira' ag eira go iawn os yw'n bwrw eira neu â defnyddiau oer eraill fel rhew wedi'i falu'n fân a hufen iâ. Heriwch nhw i feddwl am sut y gallen nhw wneud i'r 'eira hud' fod mor oer ag eira go iawn. Gallech hefyd adael iddyn nhw roi cynnig ar wneud hufen iâ (gweler Adnoddau).

Cwestiynau allweddol

Chwilio am dystiolaeth o feddwl a dysgu

Yn y gweithgaredd hwn, bydd plant yn cael y cyfle i:

- ✓ ddysgu bod defnyddiau'n gallu newid ac ymddwyn mewn ffyrdd sy'n peri syndod
- ✓ archwilio priodweddau defnyddiau a ddefnyddir bob dydd
- ✓ defnyddio ac archwilio ystyr geirfa allweddol – **defnydd**, **hylif**, **dŵr**, **annisgwyl**, **tebyg i**, **gwahanol i**, priodweddau defnyddiau, e.e. **hyblyg**, **oer**, **ehangu**
- ✓ arsylwi'n ofalus a chwilio am bethau sy'n debyg ac yn wahanol
- ✓ siarad er mwyn egluro eu syniadau.

Gallen nhw wneud hyn drwy:

- ✓ drafod beth sy'n digwydd wrth ychwanegu dŵr at yr Eira Hud
- ✓ tynnu llun o'r hyn maen nhw wedi'i weld ac **anodi** eu **lluniau**
- ✓ trafod ac archwilio **Cartŵn Cysyniad®** 'Côt y Dyn Eira'
- ✓ **cymharu** Eira Hud â rhew, eira a hufen iâ
- ✓ **cymharu** Eira Hud â defnyddiau anarferol eraill.

Dylech weld tystiolaeth o'u meddwl a'u dysgu o ran:

- ✓ sut maen nhw'n ymateb i gwestiynau
- ✓ eu hiaith wrth ddisgrifio eu harsylwadau a'u profiadau
- ✓ beth maen nhw'n sylwi arno pan fydd pethau'n newid
- ✓ y cwestiynau maen nhw'n eu gofyn drwy ddefnyddio'r **Cartŵn Cysyniad®** a sut maen nhw'n ymchwilio i'w syniadau
- ✓ sut maen nhw'n disgrifio defnyddiau
- ✓ sut maen nhw'n **anodi** neu'n siarad am eu **lluniau**
- ✓ sut maen nhw'n cwblhau **trefnydd graffeg sy'n cymharu ac yn cyferbynnu**
- ✓ sut maen nhw'n cymryd rhan yn y gweithgaredd
- ✓ faint maen nhw'n gallu ei wneud heb gymorth.

Beth fydd plant yn ei wneud a'i ddweud

Bydd defnyddio Cartŵn Cysyniad®, er enghraifft 'Côt y Dyn Eira' (Naylor a Naylor, 2003), yn annog y plant i feddwl am broblemau gwyddonol, cynnal archwiliad a chanfod yr atebion drostynt eu hunain. A oes rhagor o gwestiynau i'w hateb wedi iddyn nhw ymchwilio i'r broblem?

Cymharu a chyferbynnu

Yn ogystal â chymharu'r Eira Hud ag eira go iawn a sylweddau oer eraill, gallech hefyd ei gymharu a'i gyferbynnu â defnyddiau anarferol eraill fel glŵp, llysnafedd a chlai chwarae. Mae ryseitiau ar gyfer y rhain i'w gweld yn yr adran Adnoddau. Gallai'r plant feddwl am liw, hyblygrwydd, arogl, teimlad, gwead, gludiogrwydd, ac ati. Fel arall, gallech ei gymharu â phethau sy'n newid mewn ffordd annisgwyl fel popcorn. Defnyddiwch sosban dryloyw i weld y popcorn yn ffrwydro.

A fyddai defnyddio trefnydd graffeg syml yn eu helpu i roi trefn ar eu syniadau? Beth am roi syniadau allweddol ar gardiau geiriau i blant sydd â llai o eirfa?

Lluniau wedi'u hanodi

Os yw'r plant yn gwylio beth sy'n digwydd yn ofalus iawn, efallai y byddan nhw'n gallu tynnu llun cyfres o luniau i ddangos beth sy'n digwydd wrth ychwanegu dŵr at yr Eira Hud. Gellir ychwanegu anodiadau syml. Mae hyn yn ysgogi cryn dipyn o drafod wrth iddyn nhw geisio egluro beth maen nhw wedi'i weld.

Os yw geirfa ysgrifenedig neu lafar y plant yn brin, gallwch weithio gyda nhw neu roi ymadroddion allweddol er mwyn eu helpu i rannu eu syniadau.

Sblat!

Paratowch grid mawr, 3 x 3, sy'n dangos enwau neu luniau 9 defnydd gwahanol. Gallech ddefnyddio siwgr gwyn, siwgr brown, blawd gwyn, tywod, Eira Hud, hufen iâ, siwgr eisin, siwgr mân, rhew ... Rhannwch y dosbarth yn grwpiau a gofynnwch i un plentyn o bob grŵp sefyll o flaen y grid.

Darllenwch frawddeg sy'n disgrifio un o'r defnyddiau. Er enghraifft, "Mae teimlad grutiog i'r defnydd hwn. Mae blas melys arno. Wrth ei roi mewn dŵr, mae'r dŵr yn troi'n frown." Parhewch i roi darnau ychwanegol o wybodaeth nes bod un plentyn yn gwybod yr ateb ac yn rhoi ei law dros un o'r defnyddiau ar y grid. Anogwch y plentyn i egluro ei ddewis wrth weddill y dosbarth.

Fel arall, gallwch ddefnyddio gridiau bach ar fyrddau yn yr un modd.

22

BLE MAE BENNY?

Beth yw hwn?

Mewn gwahanol rannau o'r ysgol ac ar dir yr ysgol, mae ffotograffau'n cael eu cymryd o degan meddal neu byped cyfarwydd a ddewisir gan y plant, fel Benny a ddangosir uchod. Mae'r plant yn astudio'r ffotograffau i benderfynu ble mae eu tegan wedi bod.

Mae'r gweithgaredd hwn yn helpu i wella sgiliau arsylwi'r plant yn ogystal â'u sgiliau daearyddol.

Cychwyn arni

- Casglwch amrywiaeth o deganau meddwl, fel Benny (gweler Adnoddau) a gofynnwch i'r plant ddewis un er mwyn chwarae gêm arbennig.
- Cymerwch gyfres o ffotograffau o'r tegan mewn gwahanol rannau o'r ystafell ddosbarth, adeilad yr ysgol a thir yr ysgol. Peidiwch â gadael i'r plant eich gweld yn tynnu'r ffotograffau.
- Lamineiddiwch y ffotograffau neu eu sganio os ydych eisiau eu dangos i'r dosbarth cyfan ar fwrdd gwyn.

Cadwch lygad ar beryglon yn y mannau lle rydych yn tynnu'r ffotograffau oherwydd gallai'r plant fynd yno i chwilio am y tegan. Darllenwch bolisi'r ysgol ar gyfer gweithio yn yr awyr agored.

Sut i'w ddefnyddio?

Rhannwch y ffotograffau o'r tegan gyda'r plant a gofynnwch iddyn nhw geisio penderfynu ble cafodd y ffotograff ei gymryd. Gallech roi'r ffotograffau i grwpiau bach neu barau o blant er mwyn iddyn nhw drafod yn annibynnol yn y lle cyntaf cyn rhannu syniadau pob grŵp. Fel arall, gallech benderfynu gweithio gyda grŵp neu'r dosbarth cyfan.

Ceisiwch gymryd ffotograffau sy'n gwneud i'r plant feddwl. Er enghraifft, cymerodd athro/athrawes yn ysgol Benny ffotograff ohono yn eistedd wrth ymyl cyfrifiaduron. Yr unig ffordd y gallai'r plant wybod ble roedd yn eistedd oedd drwy edrych yn ofalus iawn ar yr hyn oedd y tu ôl iddo yn y ffotograff.

Mewn un ysgol, gosododd yr athro/athrawes eu hoff dedi ger olwynion ceir gwahanol aelodau'r staff. Roedd yn rhaid i'r plant archwilio'r olwynion a chapiau olwynion cyn ceisio adnabod pa gar oedd dan sylw.

Cwestiynau allweddol

Chwilio am dystiolaeth o feddwl a dysgu

Yn y gweithgaredd hwn, bydd plant yn cael y cyfle i:

- ✓ adnabod nodweddion gwrthrychau cyffredin
- ✓ chwilio am nodweddion tebyg a gwahanol
- ✓ arsylwi'n ofalus
- ✓ trafod problem
- ✓ gwneud rhagfynegiadau syml
- ✓ egluro pam maen nhw wedi gwneud y rhagfynegiadau fel hyn
- ✓ defnyddio map neu gynllun syml.

Gallen nhw wneud hyn drwy:

- ✓ edrych yn ofalus ar gyfres o ffotograffau o hoff degan mewn amrywiaeth o leoedd o gwmpas yr ysgol
- ✓ siarad am beth allwch ei weld yn y ffotograffau
- ✓ rhagfynegi ble mae'r tegan
- ✓ chwilio am dystiolaeth i weld a oedden nhw'n gywir ynghylch lleoliad y tegan
- ✓ rhoi'r ffotograffau mewn **dilyniant** gan ddefnyddio map neu gynllun syml.

Dylech weld tystiolaeth o'u meddwl a'u dysgu o ran:

- ✓ sut maen nhw'n ymateb i gwestiynau
- ✓ sut maen nhw'n siarad am y manylion yn y ffotograffau
- ✓ y geiriau maen nhw'n eu defnyddio i ddisgrifio a/neu egluro ble mae'r tegan
- ✓ y ffordd maen nhw'n rhoi'r lluniau mewn **dilyniant**
- ✓ sut maen nhw'n defnyddio'r map neu'r cynllun i olrhain taith y tegan
- ✓ sut maen nhw'n cymryd rhan yn y gweithgaredd
- ✓ faint maen nhw'n gallu ei wneud heb gymorth.

*"Mae Benny yn yr ardd! Edrych,
dyna flodyn yr haul!"*

*"Dw i'n meddwl ei fod yn y brif neuadd, dw i'n gallu
gweld y ffrâm ddringo."*

Dywedwch wrth y plant fod y tegan wedi bod ar daith o gwmpas yr ysgol. Er enghraifft, allan o'r ystafell ddosbarth, ar draws y neuadd, i mewn i'r cyntedd, i'r swyddfa a thrwy'r ystafell gotiau. Cymerwch ffotograffau o leoedd allweddol ar y daith (gweler y dudalen nesaf). Gofynnwch i barau o blant roi'r ffotograffau yn y drefn gywir. Gallen nhw ddefnyddio cynllun syml i'w helpu nhw. A yw pob plentyn yn gallu gweld y cysylltiad rhwng yr ysgol a'r cynllun? A yw cerdded o gwmpas yr ysgol gyda'r cynllun o gymorth?

Os ydyn nhw'n gallu gwneud hyn yn hyderus, gallwch roi map neu gynllun a ffotograffau o rywle anghyfarwydd iddyn nhw (gweler y CD).

Gallwch gynnal gweithgaredd tebyg drwy gasglu ffotograffau o leoedd cyfarwydd o gwmpas yr ysgol a'u torri yn eu hanner. Gofynnwch i'r plant enwi'r lleoedd hyn. Cewch eich synnu at sawl gwaith y gallan nhw fynd heibio i ddrws neu ffenestr heb gymryd llawer o sylw ohonyn nhw. Wedyn, gofynnwch i'r plant gwblhau'r darlun drwy dynnu llun yr hanner arall.

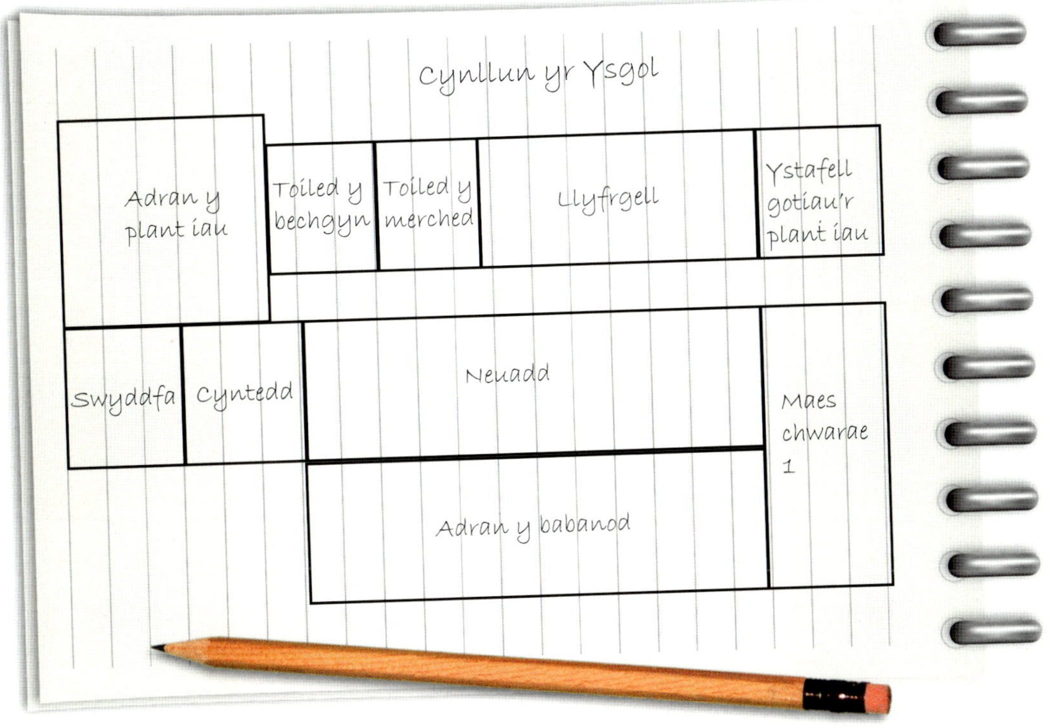

Gallwch ddefnyddio'r ffotograffau hyn i ysgogi trafodaeth am ble mae Benny wedi bod. Mae adnoddau ar gael ar y CD hefyd.

SIWGRAU

23

Beth yw hwn?

Mae'r gweithgaredd hwn yn ymddangos fel un syml iawn sy'n seiliedig ar hydoddi siwgr mewn dŵr. Bydd y rhan fwyaf o'r plant wedi gweld siwgr yn hydoddi mewn dŵr. Fodd bynnag, os gofynnwch i blant yr oed hwn beth sydd wedi digwydd i'r siwgr, maen nhw fel arfer yn dweud ei fod wedi 'diflannu'.

Mae'r gweithgaredd hwn yn annog y plant i edrych yn ofalus ar wahanol fathau o siwgr cyn, ac ar ôl, eu hydoddi mewn dŵr. Bydd y canlyniadau'n amrywio o fod yn hydoddiant clir, di-liw i hydoddiant brown tywyll. Mae eu harchwiliadau yn arwain at ymchwiliadau am beth sy'n effeithio ar y ffordd y mae siwgr yn hydoddi.

Cychwyn arni

- Casglwch amrywiaeth o siwgrau fel siwgr gwyn gronynnog, siwgr eisin, siwgr mân, siwgr crai tywyll, demerara, triagl, siwgr meddal brown ysgafn, crisialau siwgr clir, ac ati.
- Dewch o hyd i gynwysyddion plastig neu wydr clir a di-liw.
- Casglwch rai llwyau.
- Efallai y byddwch eisiau gorchuddio'r byrddau er mwyn iddyn nhw beidio â mynd yn ludiog.

Pwysleisiwch na ddylai'r plant flasu pethau fel arfer mewn tasg wyddonol. Yn yr achos hwn, gallech adael i'r plant flasu'r hydoddiannau os byddwch yn defnyddio cynwysyddion a dŵr glân.

Os byddwch yn defnyddio gwydr, gofalwch fod unrhyw wydr sy'n torri yn cael ei glirio ar unwaith i osgoi damweiniau.

Gwahoddwch y plant i archwilio'r gwahanol fathau o siwgr. Anogwch nhw i drafod gyda phartner sut mae'r siwgrau yn debyg neu'n wahanol. Gofynnwch iddyn nhw siarad gyda'u partner am beth maen nhw eisoes yn ei wybod am siwgr a ble maen nhw wedi'i weld yn cael ei ddefnyddio. Gallech gasglu eu syniadau yn y golofn gyntaf mewn grid GESD er mwyn eu defnyddio yn ddiweddarach.

Dywedwch wrthyn nhw eich bod am roi siwgr mewn dŵr. Efallai y bydd rhai o'r plant eisoes yn gallu awgrymu beth allai ddigwydd. Rhowch gyfle iddyn nhw siarad am hyn gyda'u partner am oddeutu munud.

Hydoddwch lond llwy fwrdd o siwgr gwyn gronynnog mewn dŵr a gofynnwch iddyn nhw edrych yn ofalus ar beth sy'n digwydd. A ydyn nhw'n gallu egluro wrth eu partner beth maen nhw wedi'i weld? Os ydyn nhw'n dweud ei fod wedi diflannu, gofynnwch iddyn nhw ystyried hynny'n ofalus. "Ble allai fod wedi mynd?" "Sut gallwn ni wybod os yw'n parhau i fod yn y dŵr neu os ydy e wedi diflannu'n llwyr?"

Hydoddwch siwgr arall mewn dŵr cyn cymharu'r gwahanol hydoddiannau. Ar ôl gwylio un neu ddau, dylen nhw allu rhagfynegi yn fwy cywir beth fydd yn digwydd wrth ychwanegu'r mathau eraill o siwgr.

Rhowch gyfle i'r plant archwilio'r siwgr drostynt eu hunain a chasglwch unrhyw syniadau sydd ganddyn nhw ar y Mat Meddwl.

Cwestiynau allweddol

Yn y gweithgaredd hwn, bydd plant yn cael y cyfle i:

- ✓ ddysgu bod rhai pethau yn hydoddi mewn dŵr
- ✓ defnyddio ac archwilio ystyr geirfa allweddol – **hylif**, **dŵr**, **siwgr**, **troi**, **hydoddi**, **di-liw**
- ✓ arsylwi sut mae defnyddiau yn hydoddi mewn dŵr
- ✓ disgrifio'r hyn sy'n debyg ac yn wahanol
- ✓ didoli defnyddiau i grwpiau ar sail priodweddau syml
- ✓ siarad er mwyn esbonio eu harsylwadau ac egluro syniadau
- ✓ cymharu beth ddigwyddodd â'r hyn roedden nhw wedi'i ddisgwyl
- ✓ gofyn cwestiynau syml ac ymchwilio i'w syniadau.

Gallen nhw wneud hyn drwy:

- ✓ arsylwi beth sy'n digwydd wrth roi siwgr mewn dŵr
- ✓ archwilio, **dosbarthu a grwpio** gwahanol fathau o siwgr
- ✓ archwilio eu syniadau drwy gwblhau **brawddegau cysyniad** am siwgrau
- ✓ defnyddio **grid GESD** a/neu **Gartŵn Cysyniad** i'w helpu i ofyn cwestiynau am siwgr ac ymchwilio i'w syniadau.

Dylech weld tystiolaeth o'u meddwl a'u dysgu o ran:

- ✓ sut maen nhw'n ymateb i gwestiynau
- ✓ eu hiaith wrth ddisgrifio eu harsylwadau
- ✓ sut maen nhw'n egluro pam mae mathau gwahanol o siwgr yn cynhyrchu gwahanol hydoddiannau
- ✓ sut maen nhw'n **grwpio**'r gwahanol fathau o siwgr
- ✓ y cwestiynau maen nhw'n eu gofyn gyda'r **grid GESD** neu'r **Cartŵn Cysyniad** a sut maen nhw'n ymchwilio i'w syniadau
- ✓ y **brawddegau cysyniad** maen nhw'n eu creu
- ✓ sut maen nhw'n cymryd rhan yn y gweithgareddau
- ✓ faint maen nhw'n gallu ei wneud heb gymorth.

"Mae'r siwgr eisin yn feddal ac yn llyfn iawn."

"Mae'r siwgr yn diflannu."

"Mae'r ddau yma'n edrych yr un peth ond mae eu lliwiau'n wahanol."

Rhowch samplau o wahanol fathau o siwgr mewn dysglau bach er mwyn i'r plant allu edrych arnyn nhw'n ofalus.

"Edrychwch ar bob siwgr. Darganfyddwch beth fydd yn digwydd wrth eu rhoi mewn dŵr. Fedrwch chi eu rhoi mewn grwpiau ar sail y canlyniadau? Fedrwch chi ddweud wrthyf i sut rydych chi wedi'u didoli?"

Gallai'r plant ystyried maint a lliw'r grisial, lliw'r hydoddiant, ei flas, ac ati. Peidiwch â phoeni am gynnal profion teg ar hyn o bryd. Mae'n beth da i'r plant, ar y dechrau, archwilio eu syniadau mewn modd nad yw'n rhy gaeth. (Gweler y Cartŵn Cysyniad hefyd ar y dudalen nesaf.)

Sylwer, os ydych yn defnyddio ciwbiau siwgr, bydd y plant yn ystyried y rhain yn grisialau mawr yn ôl pob tebyg. Mewn gwirionedd, casgliad o grisialau siwgr gronynnog yw'r rhain.

Brawddeg cysyniad

Dylai plant aeddfed allu creu brawddegau gan ddefnyddio geiriau allweddol sydd wedi'u cymysgu. Ystyriwch ddefnyddio geiriau fel:

> siwgr gwyn, siwgr brown, hydoddi, siwgr, troi, dŵr, unrhyw, lliw, yn unig, bob amser, brown, bydd.

Gall hyn greu brawddegau fel:

> 'Wrth droi siwgr gwyn mewn dŵr, nid oes unrhyw liw.'
> 'Wrth droi siwgr brown mewn dŵr, mae'n frown.'

Grid GESD

Os ydych wedi casglu syniadau'r plant am siwgr yn gynharach, gall defnyddio grid GESD i archwilio eu syniadau'n fwy trefnus fod o ddefnydd. Mae angen ystyried sawl ffactor fel tymheredd y dŵr, faint o siwgr a ddefnyddir, a ydyw'n cael ei droi yn y dŵr, ac ati. Dyma enghraifft o grid GESD i roi'r plant ar ben ffordd.

Beth ydyn ni'n ei WYBOD am siwgr?	Beth ydyn ni EISIAU ei ddarganfod am siwgr?	SUT byddwn ni'n cael gwybod?	Beth ydyn ni wedi'i DDYSGU am siwgr?
Mae pobl yn defnyddio siwgr i wneud eu te yn felys.	Beth sy'n digwydd os nad ydyn ni'n troi siwgr?	Rhowch siwgr mewn dau gynhwysydd o ddŵr cynnes. Trowch un a gadewch y llall heb ei droi.	

A yw'r plant yn gallu gofyn cwestiynau a phenderfynu sut i ddarganfod? Faint o gymorth gan oedolyn sydd ei angen? A wnaeth unrhyw beth yn eu hymchwil a'u harchwiliadau beri syndod? A oes cwestiynau newydd i'w hateb?

Cartŵn Cysyniad®

Defnyddiwch Gartŵn Cysyniad 'Amser Te' (Naylor a Naylor, 2003). Bydd hwn yn annog eich plant i siarad am sut i archwilio'r broses hydoddi, meddwl am broblemau a chwestiynau, a chanfod atebion ar eu pen eu hunain. Bydd yn helpu'r plant i weithio'n fwy trefnus ac ymchwilio i'w syniadau eu hunain. A wnaeth unrhyw beth yn eu hymchwiliadau beri syndod? A oes cwestiynau newydd i'w hateb?

TROELLWYR CLIPIAU PAPUR

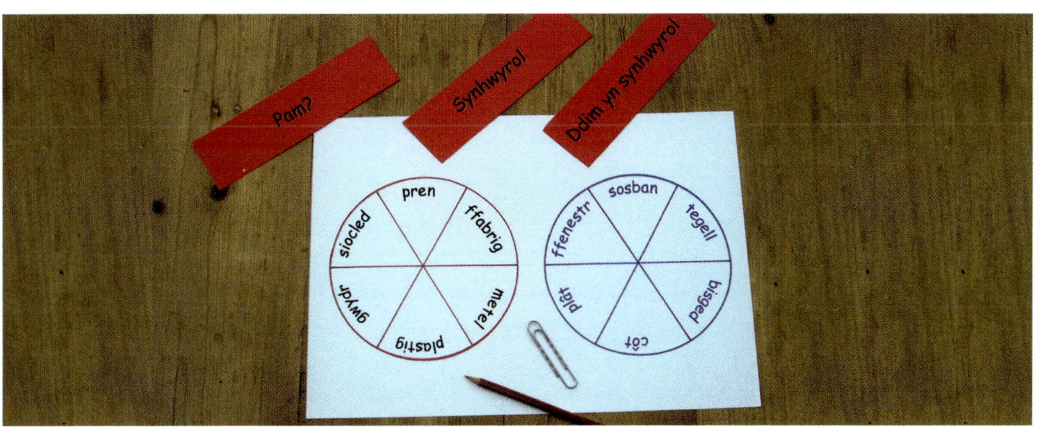

24

Beth yw hwn?

Dyma weithgaredd syml sy'n cynnwys troelli clip papur i ddewis gwahanol ddefnyddiau a gwrthrychau. Mae'r plant yn meddwl am y cysylltiad rhwng y gwrthrych a'r defnydd ac yn penderfynu a fyddai'n ymarferol iddyn nhw ddefnyddio'r defnydd dan sylw i greu'r gwrthrych.

Mae plant wrth eu bodd gyda'r gweithgaredd hwn. Mae'n eu hannog i feddwl, gwneud penderfyniadau ac egluro'r penderfyniadau hynny.

Cychwyn arni

- Torrwch ddau gylch tua 20cm o led o gerdyn tenau neu tynnwch y cylchoedd ar ddalennau o bapur. Mae defnyddio gwahanol liwiau yn ddefnyddiol. Rhannwch bob cylch yn 6 neu 8 darn.
- Ysgrifennwch enwau gwrthrychau cyffredin (e.e. bwrdd) mewn un gyfres o rannau. Gallech ychwanegu lluniau hefyd.
- Ysgrifennwch enwau gwahanol ddefnyddiau (e.e. sbwng, papur, ac ati) yn y rhannau yn y cylch arall.
- Rhowch bensil a chlip papur i bob pâr neu grŵp.
- Os yw'r plant yn gweithio'n annibynnol, ysgrifennwch 'Synhwyrol', 'Ddim yn synhwyrol' a 'Pam?' ar gardiau.

Mae'r plant yn defnyddio blaen y pensil i ddal clip papur yng nghanol cylch cerdyn y 'Gwrthrychau'.

Maen nhw'n troelli'r clip papur fel ei fod yn pwyntio at un o'r gwrthrychau wedi iddo roi'r gorau i droelli. Er enghraifft, gallai bwyntio at 'sosban'.

Maen nhw wedyn yn troelli'r clip papur ar y cylch 'Defnyddiau' fel ei fod yn pwyntio at ddefnydd wedi iddo roi'r gorau i droelli, e.e. 'papur'.

Nawr, mae'n rhaid i'r plant benderfynu gyda'i gilydd a fyddai'n synhwyrol creu'r gwrthrych gyda'r defnydd dan sylw.

Gallwch ofyn, "A fyddai'n synhwyrol gwneud sosban o bapur? Pam ydych chi'n meddwl hynny?" Fel arall, gall y plant ddefnyddio'r cardiau 'synhwyrol' a 'ddim yn synhwyrol' i wneud eu penderfyniadau eu hunain.

Gallwch ofyn y cwestiwn mewn gwahanol ffyrdd fel "A fydden ni'n gallu gwneud ffenestri o rwber?" neu "A fyddai'n synhwyrol defnyddio coed i wneud esgidiau glaw?"

Cwestiynau allweddol

Chwilio am dystiolaeth o feddwl a dysgu

Yn y gweithgaredd hwn, bydd plant yn cael y cyfle i:

- ✓ ddysgu am sut mae defnyddiau cyffredin yn cael eu defnyddio a'u priodweddau
- ✓ dysgu enwau gwrthrychau cyffredin a'r defnyddiau a ddefnyddir i'w creu
- ✓ defnyddio ac archwilio ystyr geirfa allweddol – **defnydd**, enwau defnyddiau, e.e. **pren**, **metel**
- ✓ disgrifio nodweddion syml gwrthrychau
- ✓ siarad am syniadau a gwrando ar syniadau ei gilydd
- ✓ gwneud penderfyniadau
- ✓ egluro eu penderfyniadau i eraill.

Gallen nhw wneud hyn drwy:

- ✓ ddefnyddio troellwyr i gydweddu gwrthrychau â defnyddiau cyffredin
- ✓ siarad gyda phlant eraill am sut mae'r gwrthrychau a'r defnyddiau yn cydweddu
- ✓ cysylltu gwrthrychau a defnyddiau mewn gêm **cywir/anghywir/efallai**
- ✓ archwilio gwrthrychau a defnyddiau drwy **lunio rhestr** neu sylwi ar **gamgymeriadau bwriadol**.

Dylech weld tystiolaeth o'u meddwl a'u dysgu o ran:

- ✓ sut maen nhw'n ymateb i gwestiynau
- ✓ beth maen nhw'n ei ddweud am sut mae defnyddiau a gwrthrychau yn cydweddu yn y gêm troelli clip papur
- ✓ y defnyddiau maen nhw'n eu hawgrymu ar gyfer gwahanol wrthrychau
- ✓ eu hymateb wrth gynnal y gweithgaredd **cywir/anghywir/efallai** gyda'r dosbarth a sut maen nhw'n egluro eu hymateb
- ✓ y **rhestri** maen nhw'n eu llunio
- ✓ pa mor dda maen nhw'n gallu sylwi ar **gamgymeriadau bwriadol**
- ✓ sut maen nhw'n cymryd rhan yn y gweithgaredd
- ✓ faint maen nhw'n gallu ei wneud heb gymorth.

Beth fydd plant yn ei wneud a'i ddweud

Gallwch ddefnyddio'r eitemau sy'n cael eu cydweddu yn y gweithgaredd troelli clipiau papur i chwarae'r gêm 'Cywir/anghywir/efallai'. Dyma ffordd arall o'u hannog i egluro eu syniadau. Mae'r categori 'efallai' yn rhoi amser i feddwl pan mae angen. Efallai y gallai dysgwyr mwy aeddfed baratoi gêm gwir/anwir ar gyfer dysgwyr eraill.

"Bawd i fyny os yw'r hyn dw i'n ei ddweud yn wir. Bawd i lawr os yw'n anwir. Bawd ar draws os nad ydych yn siŵr. Eglurwch pam mae'r frawddeg yn wir neu'n anwir." A yw rhai o'r plant yn ansicr ynghylch rhai o'r datganiadau? A fyddai rhoi mwy o amser iddyn nhw i archwilio defnyddiau a/neu wrthrychau o gymorth?

Gallwch ddefnyddio amrywiaeth lawer ehangach o sefyllfaoedd na gwrthrychau a defnyddiau, er enghraifft:

- anifeiliaid a'u cynefinoedd
- anifeiliaid a'r bwydydd maen nhw'n eu bwyta
- dillad a gwahanol fathau o dywydd
- ac ati.

Llunio rhestr

Wrth lunio rhestr, gall plant fynd y tu hwnt i un farn a gwneud cyfres o benderfyniadau sy'n gysylltiedig â'i gilydd. Er enghraifft, gallen nhw lunio rhestr o:

- wrthrychau a defnyddiau rhyfedd
- popeth y gellir defnyddio metelau ar eu cyfer
- popeth maen nhw'n gwybod sy'n gallu suddo
- cyfres o ddillad y gallen ni eu gwsigo pan mae'n bwrw glaw
- pob anifail a allai fod yn byw mewn cynefin penodol
- ac ati.

Bydd y rhestr yn eu helpu i ymestyn eu syniadau a gofyn cwestiynau a allai arwain at ymchwiliad pellach. Sut gallai gweithgaredd 'Paru, rhannu, cymharu' eu helpu i ymestyn eu syniadau? Pa ymchwil neu archwiliad arall y gallen nhw ei gynnal i ymestyn eu rhestri?

Camgymeriadau bwriadol

Wrth ddangos y gweithgaredd hwn, ceisiwch ychwanegu ambell gamgymeriad bwriadol. Er enghraifft, "Byddai gwydr yn berffaith i wneud het er mwyn i mi allu gweld trwyddo wrth gerdded o gwmpas."

Os nad yw'r plant yn herio'r datganiad hwn, gofynnwch a ydyn nhw'n gallu meddwl am unrhyw anfanteision i wisgo het wydr.

Symud o ddisgrifio i egluro

Dyma weithgaredd sy'n dilyn yn naturiol o'r gweithgaredd troelli clipiau papur. Penderfynu pa mor dda mae pethau'n cyd-fynd yw eu hymateb cychwynnol. Mae gofyn "Pam felly?" yn eu symud yn raddol ac yn naturiol tuag at egluro a chyfiawnhau eu syniadau.

25

TRAED YN TEIMLO

Beth yw hwn?

Mae'r gweithgaredd hwn yn canolbwyntio ar sut y byddai'r byd yn teimlo gyda'ch traed. Mae'r profiad yn aml yn synnu plant (ac oedolion), gan fod teimlo gyda'ch traed yn gallu teimlo'n wahanol iawn i deimlo gyda'ch dwylo. Yn amlwg, gellir gwneud y gweithgaredd hwn gan ddefnyddio dwylo yn hytrach na thraed ... ond mae hyn yn llawer mwy o hwyl!

Cychwyn arni

- Bydd angen powlenni golchi bach arnoch chi.
- Casglwch ddefnyddiau sydd â gwead diddorol fel gwlân cotwm, sgwrwyr sosbenni, tywod, marshmalos, gleiniau gwydr, sglodion polystyren, pasta (wedi'i goginio'n ysgafn neu heb ei goginio), reis, grawnfwyd, sbwng, papur wedi'i wasgu, pecynnau rhew oer. Rhowch rwydd hynt i'ch dychymyg.
- Llenwch y powlenni golchi llestri â gwahanol ddefnyddiau. Cadwch y cynnwys wedi'i guddio er mwyn iddo beri syndod, neu gallwch ddefnyddio mygydau.

Gofynnwch i'r plant olchi eu traed yn gyntaf. Gwnewch yn siŵr nad oes unrhyw wrthrychau miniog yn y powlenni. Anogwch y plant i beidio â bwyta unrhyw 'fwyd' sydd yn y powlenni. Rhowch y bwyd yn y bin ar ôl ei ddefnyddio. Gwnewch yn siŵr fod y mygydau yn lân. Gallai'r plant eistedd ar gadair er mwyn eu hatal rhag syrthio o ganlyniad i samplau llithrig.

Sut i'w ddefnyddio?

Atgoffwch y plant eu bod yn defnyddio eu dwylo fel arfer i weld sut mae rhywbeth yn teimlo. Wedyn, dywedwch wrthyn nhw eich bod eisiau iddyn nhw deimlo rhywbeth drwy ddefnyddio eu traed. Gofynnwch i wirfoddolwr gau ei lygaid a chamu i mewn i un o'r powlenni yn droednoeth. Cadwch y bowlen y tu ôl i rywbeth er mwyn ei chuddio. Ar ôl rhywfaint o ymbalfalu, gallen nhw ddisgrifio wrth bawb arall sut mae'n teimlo a gall pawb roi cynnig ar ddyfalu beth sydd yn y bowlen. Gall y plant eraill wneud yr un peth gyda phowlenni gwahanol.

Rhowch gynnig ar sawl un o'r defnyddiau ac ehangwch y gweithgaredd drwy adael i'r plant i gyd roi cynnig ar bob un o'r powlenni a siarad am y cynnwys. Gadewch iddyn nhw deimlo'r cynnwys gyda'u dwylo? Pa mor wahanol mae'n teimlo?

Ar ôl gwneud hyn neu rywbryd yn ddiweddarach, gall y plant roi cynnig ar y powlenni eto a cheisio darganfod beth sydd ynddyn nhw ar sail eu profiad blaenorol. A yw hyn yn ei gwneud yn haws?

Anogwch y plant i ddefnyddio synau a geiriau creu, er enghraifft, 'sgribli', 'slwshi', 'crinsh', 'crwnsh'. Rhannwch y geiriau a'r synau mae'r plant yn eu creu. Gweithiwch gyda grŵp bach fel bod digon o gyfle i roi cynnig ar bob defnydd a siarad am y profiad. Gallai plant hŷn neu fwy aeddfed weithio gyda phartner a chofnodi eu hymateb ar bapur neu dâp sain.

Cwestiynau allweddol

Chwilio am dystiolaeth o feddwl a dysgu

Yn y gweithgaredd hwn, bydd plant yn cael y cyfle i:

✓ ddysgu sut mae'r synnwyr teimlo yn ein helpu i ddeall y byd

✓ disgrifio nodweddion syml defnyddiau

✓ defnyddio ac archwilio geirfa allweddol – **cyffwrdd**, **teimlo**, **ias**, geiriau disgrifiadol, e.e. **llyfn**, **meddal**, **melfedaidd**, **anystwyth**

✓ defnyddio teimlo i archwilio ac adnabod yr hyn sy'n debyg ac yn wahanol rhwng defnyddiau

✓ archwilio ac arbrofi gyda geiriau a synau

✓ defnyddio iaith i ddychmygu neu ail-greu profiadau.

Gallen nhw wneud hyn drwy:

✓ ddefnyddio eu traed i deimlo detholiad o ddefnyddiau mewn powlenni

✓ siarad gyda chyd-ddisgyblion am beth maen nhw'n teimlo

✓ **dosbarthu a grwpio** drwy ddefnyddio'r hyn sy'n wahanol rhwng defnyddiau

✓ creu **brawddegau cysyniad**

✓ defnyddio geirfa a delweddau dychmygus i **greu stori** neu **luniau wedi'u hanodi** sy'n gysylltiedig â'r hyn maen nhw wedi'i brofi.

Dylech weld tystiolaeth o'u meddwl a'u dysgu o ran:

✓ sut maen nhw'n ymateb i gwestiynau

✓ yr iaith maen nhw'n ei defnyddio

✓ pa mor hyderus ydyn nhw wrth rannu eu syniadau

✓ sut maen nhw'n defnyddio eu profiad mewn **stori** neu er mwyn **didoli** defnyddiau

✓ sut maen nhw'n **anodi** eu **lluniau**

✓ sut maen nhw'n cymryd rhan yn y gweithgaredd

✓ faint maen nhw'n gallu ei wneud heb gymorth.

Beth fydd plant yn ei wneud a'i ddweud

 # Ymestyn y gweithgaredd

Rhowch gyfres o gardiau geiriau i'r plant. Gofynnwch iddyn nhw lunio brawddegau am y defnyddiau y gwnaethon nhw eu teimlo gyda'u traed. Os yw'r plant yn cael hyn yn faich, a fyddai gweithgaredd 'Paru, rhannu, cymharu' o gymorth? A oes angen mwy o brofiad o'r defnyddiau ar y plant i allu gwneud y cysylltiadau?

blawd llif

sgwrwyr

llyfn

gwlân cotwm

sueglyd

yn

polystyren

garw

plastig

creision ŷd

sebon

gleiniau gwydr

meddal

weithiau

cynnes

bob amser

rhewllyd

fel

tebyg

gwahanol

ddim

llithrig

crafog

yn

Creu stori

Gallech greu stori yn ôl patrwm 'Rydyn Ni'n Mynd i Hela Arth' (Rosen ac Oxenbury, 1999). Wedi i'r plant orffen archwilio, anogwch nhw i ddefnyddio geiriau disgrifiadol ar gyfer pob defnydd, fel caled, creisionllyd, llithrig ac ewch ar daith ddychmygol. Trowch y daith yn weithgaredd symud gyda'r plant yn symud o gwmpas yr ystafell, yn newid sut maen nhw'n cerdded ac yn gwneud synau wrth iddyn nhw ddychmygu eu bod yn sathru ar bob defnydd.

A yw'r plant i gyd yn cyfrannu tuag at y gweithgaredd yn gyfartal? A fyddai modelu'r broses o gymorth? A allai pâr o blant mwy aeddfed weithio gyda phâr llai hyderus fel partneriaid ar y daith?

Dosbarthu a grwpio

Wedi iddyn nhw gael cyfle i brofi a thrafod y defnyddiau, gallen nhw geisio eu dosbarthu. "Pa rai sy'n feddal/caled/llyfn/garw?" ac ati.

"A ydyn ni wedi eu grwpio nhw yn yr yn modd?" Gallen nhw eu grwpio ar sail mwy nag un nodwedd – er enghraifft, caled a garw, neu lyfn ac oer. A oes angen iddyn nhw ailedrych ar y defnyddiau i gael mwy o syniadau?

Lluniau wedi'u hanodi

Gallen nhw dynnu lluniau i ddangos y defnyddiau ac wedyn, gyda chymorth neu hebddo, ychwanegu geiriau i ddisgrifio'r defnydd.

Faint yn rhagor y gallen nhw ei wneud wedi iddyn nhw roi cynnig ar deimlo'r defnyddiau, eu dosbarthu neu fynd ar daith ddychmygol?

Dilyniannu

Gall y plant roi defnyddiau mewn dilyniant. Er enghraifft, o galed i feddal, o lyfn i arw, ac ati. Efallai y bydd angen eich cymorth ar rai i allu gwneud hyn.

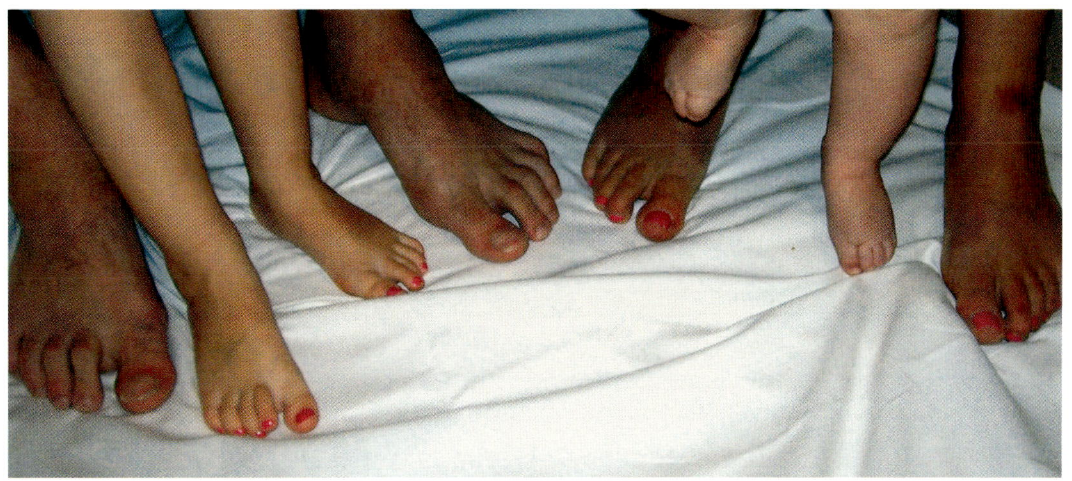

Beth yw hwn?

Yma, mae'r plant yn dechrau cael syniad o sut mae plant a phobl yn amrywio o ran maint. Maen nhw'n gweld sut mae traed yn amrywio o un unigolyn i'r nesaf. Mae plant yn dechrau drwy edrych ar draed yn eu dosbarth eu hunain ac yn cael syniad o amrywiaeth y siapiau a maint. Maen nhw'n datblygu hyn i gynnwys plant eraill yn yr ysgol a'u teuluoedd eu hunain.

Gallen nhw gymharu eu traed â thraed anifeiliaid eraill er mwyn gweld sut mae rhywogaethau'n amrywio (gweler Ymestyn y gweithgaredd).

Cychwyn arni

- ☐ Bydd angen rhywfaint o liwiau paent dŵr arnoch chi.
- ☐ Llenwch rai o'r powlenni â dŵr hyd at hanner ffordd, a chael ambell sbwng a thywelion papur yn barod er mwyn glanhau a sychu traed.
- ☐ Bydd angen dalennau mawr o bapur arnoch chi, fel papur siart troi neu hen rolau o bapur wal. Bydd angen dalennau o bapur siwgr arnoch chi hefyd.
- ☐ Bydd angen siswrn arnoch chi.

Byddai'n syniad da gofyn i'r plant olchi eu traed cyn ac ar ôl y gweithgaredd hwn. Peidiwch â rhannu tywelion.

Casglwch olion traed eich dosbarth. Gall y plant roi gwaelod un troed mewn paent a chamu ar bapur, neu dynnu llinell o amgylch eu troed ar bapur siwgr. Gellir torri allan siâp yr olion troed. Cymharwch eu traed, o'r lleiaf i'r mwyaf. Trafodwch p'un a fyddai llawer o wahaniaeth pe bydden nhw'n cymharu eu traed â disgyblion mewn dosbarthiadau eraill.

Gofynnwch am samplau gan blant eraill. Beth mae eich dosbarth yn ei feddwl fydd y gwahaniaeth rhwng eu traed nhw â thraed plant iau a hŷn?

Os oes modd, gadewch iddyn nhw fynd â'r syniad hwn adref gyda nhw. Gallen nhw gasglu amrywiaeth o olion traed, o draed baban i draed nain a thaid. Crëwch ddilyniant o draed, o'r ieuengaf i'r hynaf neu o'r mwyaf i'r lleiaf. Beth maen nhw'n sylwi arno? Efallai y byddan nhw'n cael eu synnu gan y ffaith nad yr unigolyn hynaf sydd â'r traed mwyaf o anghenraid.

Y tro diwethaf y cynhaliais y gweithgaredd hwn, aeth un plentyn mor bell â chynnwys y gath, y ci a'r byji yn ei 'deulu'! Roedd yn adnodd mor werthfawr fel ei fod wedi arwain at ddatblygu gweithgareddau ymestyn yn yr adran hon.

Cwestiynau allweddol

Chwilio am dystiolaeth o feddwl a dysgu

Yn y gweithgaredd hwn, bydd plant yn cael y cyfle i:

- ✓ ddysgu am sut mae plant a phobl ac anifeiliaid eraill yn amrywio
- ✓ defnyddio ac archwilio geirfa allweddol – **pobl**, **anifeiliaid**, **traed**, **pawennau**, **crafangau**, **lleiaf**, **mwyaf**, **siâp**, **maint**, **tebyg**, **gwahanol**, **amrywiaeth**, **cymharu**, **ffordd o fyw**, **goroesi**
- ✓ casglu data, chwilio am batrymau, dod i gasgliadau
- ✓ defnyddio nodweddion gweledol i roi pethau mewn grwpiau.

Gallen nhw wneud hyn drwy:

- ✓ gadw cofnod o'u traed
- ✓ casglu olion traed eu teulu, eu ffrindiau a phlant mewn dosbarthiadau eraill
- ✓ **cymharu a chyferbynnu** traed
- ✓ **grwpio** traed a chwilio am gysylltiadau gyda ffyrdd o fyw anifeiliaid
- ✓ nodi'r **un sy'n wahanol** mewn grŵp o draed anifeiliaid.

Dylech weld tystiolaeth o'u meddwl a'u dysgu o ran:

- ✓ sut maen nhw'n ymateb i gwestiynau
- ✓ yr iaith maen nhw'n ei defnyddio i ddisgrifio, cymharu a chyferbynnu
- ✓ sut maen nhw'n egluro gwahaniaethau o ran maint neu siâp gwahanol draed
- ✓ sut maen nhw'n canfod ac yn egluro'r **un sy'n wahanol**
- ✓ y **trefnwyr graffeg cymharu a chyferbynnu** mae'r unigolion neu'r dosbarth wedi'u cwblhau
- ✓ pa mor dda maen nhw'n cymryd rhan yn y gweithgareddau
- ✓ faint maen nhw'n gallu ei wneud heb gymorth.

Beth fydd plant yn ei wneud a'i ddweud

*"Mae fy nhraed
i yn fwy na dy
draed di!"*

*"Mae gen i ewyn ar
bob bys. Mae'r un
ar fy mys bach yn
fach dros ben!"*

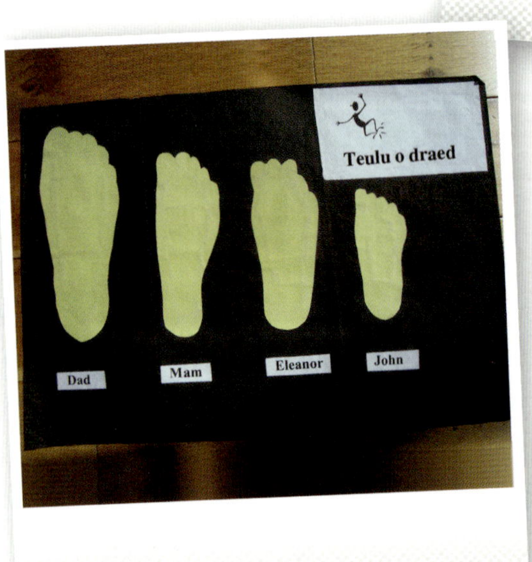

*"Mae gennym
ni ddeg bys
traed i gyd!"*

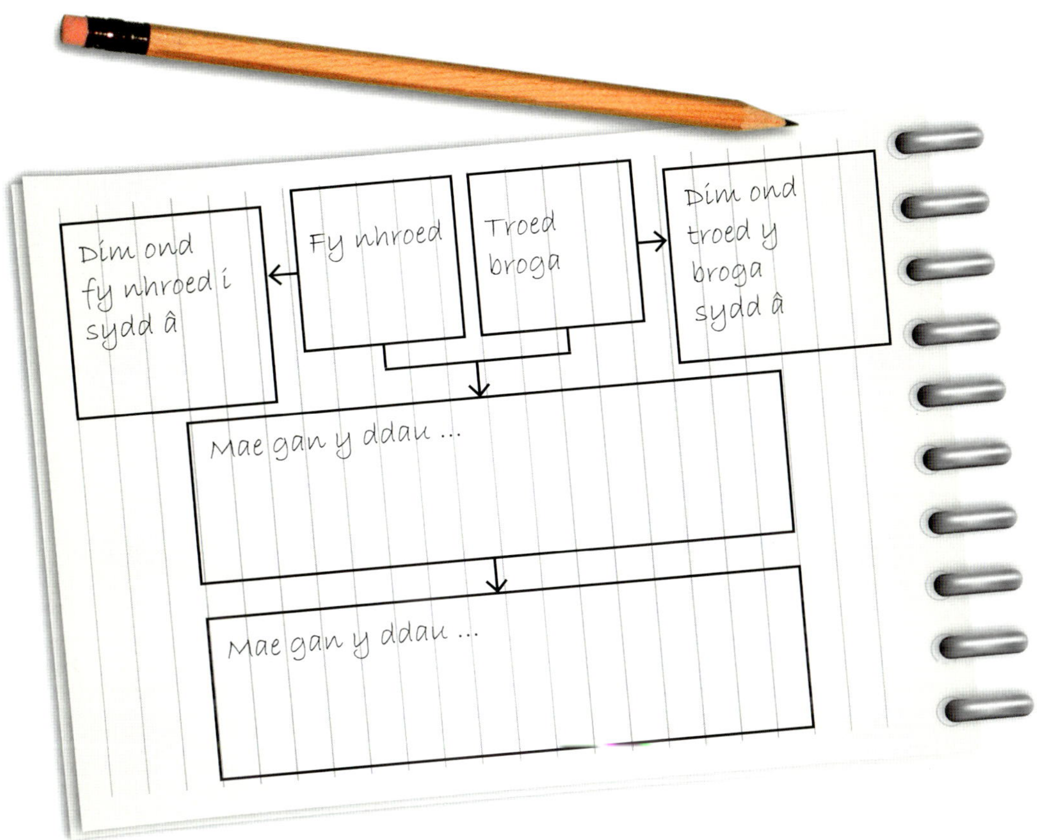

Gallai'r plant wneud ymarfer Cymharu a chyferbynnu syml drwy edrych ar eu traed eu hunain yn ogystal â thraed pobl hŷn a phobl iau. Gallen nhw hefyd gymharu eu traed â thraed anifail arall neu gymharu anifeiliaid â'i gilydd drwy ddefnyddio trefnydd graffeg syml fel yr un uchod.

"Ai dim ond pobl sydd â dau droed? Faint o wahanol anifeiliaid sydd â phedwar troed? Oes gan unrhyw rai ohonyn nhw chwech neu wyth troed? Beth am fwy nag wyth troed? Tybed faint o draed sydd gan neidr gantroed? Neu neidr filtroed?" A oes unrhyw gwestiynau eraill i'w hateb? A fyddai pori trwy lyfrau neu ar y we yn eu helpu i ymestyn eu syniadau?

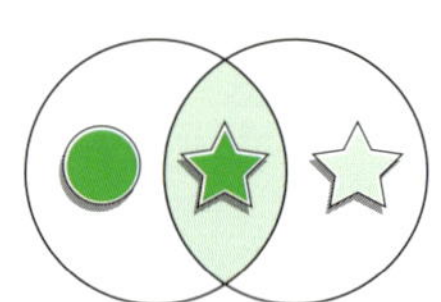

Dosbarthu a grwpio

Gallai'r plant grwpio traed gwahanol anifeiliaid, gan gynnwys pobl, yn ôl maint, nifer y traed, nifer y bysedd traed, safle'r bysedd traed, a oes cennau, plu neu grafangau arnyn nhw, ac ati.

Mae edrych ar faint a siâp traed anifeiliaid yn gyfle da i drafod eu ffyrdd o fyw. Bydd rhai o'r cysylltiadau rhwng maint a siâp y traed a ffordd o fyw yr anifail yn amlwg.

"Tybed pam nad oes gynnon ni grafangau neu draed gweog?"
"Tybed pam mae gan y byji (neu'r parot) grafangau crwm?"
"Tybed pam nad oes gan y pysgodyn aur draed o gwbl?"

A yw pob cysylltiad yn amlwg? A fyddai pori trwy lyfrau neu ar y we yn helpu i ymestyn eu syniadau?

Nodi'r un sy'n wahanol

Mae'r strategaeth nodi'r un sy'n wahanol yn galluogi'r plant i ddefnyddio eu gwybodaeth i chwilio am draed anifeiliaid sy'n wahanol i weddill y grŵp. Fel arfer, bydd mwy nag un gwahanol yn bosibl, yn dibynnu ar y meini prawf rydych yn eu defnyddio. Bydd angen i'r plant egluro pam maen nhw wedi dewis yr un sy'n wahanol yn y grŵp.

Drwy edrych ar ffotograffau teulu o draed dynol, ydyn nhw'n gallu nodi'r un sy'n wahanol? Er enghraifft, "Mae'r pâr hwn yn llawer llai na'r gweddill" neu "Mae tri bys o'r un hyd ar hwn."

Pe bydden nhw'n edrych ar draed pobl, ceffyl, cwningen, cyw iâr, broga, gallen nhw ddweud:

- y cyw iâr yw'r unig un â thraed pluog
- mae gan y broga draed gweog
- y ceffyl yw'r unig un â charnau
- ac ati.

A oes unrhyw rai o'r plant yn ansicr ynghylch y gwahaniaethau? A fyddai edrych yn fwy gofalus ar fideos neu luniau, neu bori drwy lyfrau neu ar y we, yn eu helpu i gymharu?

# Adnoddau

Cyflenwyr

Millgate House Education Cyf - www.millgatehouse.co.uk:
Llyfrau Cwestiynau Gwyddonol
Asesu Gweithredol
Benny a phypedau eraill

Mae eira sydyn, chwydd-o-gel, tiwbiau profi plastig mawr a microsgopau cyfrifiadur digidol ar gael gan gyflenwyr fel Timstar, TTS ac YPO:
www.timstar.co.uk
www.tts-group.co.uk
www.ypo.co.uk

Cyfeiriadau

Bird, S. a Saunders, L. (2007) *Rational Food*. Sandbach: Millgate House Publishers.

Naylor, S., Keogh, B. a Goldsworthy, A. (2004) *Active Assessment: thinking, learning and assessment in science*. Sandbach: Millgate House Publishers.

Naylor, B. a Naylor, S. (2003) *Llyfrau Cwestiynau Gwyddonol*. Caerdydd: Dref Wen (addasiad Siân Owen; ar gael drwy Millgate House Publishers).

Naylor, B. a Naylor, S. (2000) *Science Questions books*. Llundain: Hodder Children's Books (ar gael drwy Millgate House Publishers).

Novak, J.D. a Gowin, D.B. (1984) *Learning how to learn*. Caergrawnt: Gwasg Prifysgol Caergrawnt.

Rosen, M. ac Oxenbury, H (1999) *Rydyn Ni'n Mynd i Hela Arth*. Caerdydd: CBAC (addasiad Mair Treharne; allan o brint).

Rosen, M. ac Oxenbury, H (1993) *We're going on a bear hunt*. Llundain: Walker Books.

White, R. a Gunstone, R. (1992) *Probing understanding*. Llundain: Falmer Press.

APADGOS Llywodraeth Cynulliad Cymru (ACCAC gynt), (2006), Rhaglen Datblygu Sgiliau Meddwl ac Asesu ar gyfer Dysgu: *'Pam meithrin sgiliau ac asesu ar gyfer dysgu yn yr ystafell ddosbarth?'* a *'Sut i feithrin sgiliau ac asesu ar gyfer dysgu yn yr ystafell ddosbarth?'* (cyhoeddwyd ar y wefan).

Hufen iâ

I wneud ychydig o hufen iâ

Rhowch ficer o laeth, llwyaid o siwgr a rhywfaint o gyflasyn (mae Nesquik yn gweithio'n dda) mewn powlen a'u cymysgu'n dda.
Tywalltwch/arllwyswch hwn i mewn i fag plastig bach.
Ceisiwch gael gwared ar gymaint o aer â phosibl a'i gau'n dynn.
Rhowch y bag y tu mewn i fag arall a'i gau'n dynn dros y bag cyntaf.
Llenwch fowlen gymysgu fechan â rhew.
Ychwanegwch ddwy lond llwy fwrdd o halen ac ychydig o ddŵr er mwyn i'r rhew allu symud o gwmpas.
Gwagiwch y bag o gymysgedd llaeth i mewn i'r rhew a'i gymysgu neu ei droi am bum munud.
Tynnwch y bag a dylech fod wedi gwneud hufen iâ!

Ewch i 'videojug' neu wefannau eraill i weld enghreifftiau.

Clai chwarae

2 gwpan o flawd plaen
2 gwpan o ddŵr
1 cwpan o halen
2 lwy fwrdd o olew llysiau
2 lwy fwrdd o hufen tartar

Rhowch yr holl gynhwysion mewn padell a'u cymysgu dros dymheredd isel.
Parhewch i'w droi nes bod y clai yn dod ynghyd fel pêl.
Tylinwch y toes a'i rannu'n beli llai.
Ychwanegwch liwiadau bwyd, os oes angen, a'i gymysgu drwy barhau i dylino.
Dyna chi wedi gwneud clai chwarae!

Ewch i 'videojug' neu wefannau eraill i weld enghreifftiau.

Glŵp

Cymysgwch 2 gwpan o flawd corn, 1 cwpan o ddŵr, 1 neu 2 ddiferyn o liwiad bwyd gwyrdd mewn powlen.

Dyna chi wedi creu glŵp!

Llysnafedd

Rhowch $\frac{1}{2}$ cwpan o ddŵr ac 1 cwpan o lud gwyn (PVA) mewn powlen.
Cymysgwch 4 diferyn o liwiad bwyd, os ydych yn dymuno.
Mewn powlen arall, toddwch $\frac{1}{2}$ llwy de o foracs mewn $\frac{1}{2}$ cwpan o ddŵr.
Ychwanegwch y cymysgedd o foracs wedi'i ymdoddi at y cymysgedd o lud yn ofalus.
Cymysgwch yn drwyadl a dyna chi wedi creu llysnafedd!